Chromium
指纹浏览器开发教程

李岳阳 冯维淼 ◎ 编著

清华大学出版社
北京

内 容 简 介

随着大数据时代的来临,浏览器指纹识别和反追踪技术变得越来越重要。本书的目的是帮助开发者理解和实现基于Chromium浏览器的指纹定制。

本书共有8章,详细讲解了从环境搭建到指纹定制的全过程。第1章介绍了开发环境的搭建,包括虚拟机和开发工具的配置;第2章解析了Chromium浏览器的基础架构和多进程架构;第3章阐述了指纹信息的传递机制;第4章和第5章分别讲解了硬件指纹和软件指纹的定制方法;第6章探讨了指纹关联技术;第7章详细介绍了TLS/SSL指纹信息及其修改方法;第8章展示了如何通过自动化工具驱动指纹浏览器,并介绍了应对自动化检测的方法。

本书内容翔实,理论与实践相结合,可供浏览器开发人员、安全研究员、爬虫工程师、前端工程师及希望在浏览器指纹领域入门的人员参考。

版权所有,侵权必究。举报:010-62782989,beiqinquan@tup.tsinghua.edu.cn。

图书在版编目(CIP)数据

Chromium指纹浏览器开发教程 / 李岳阳,冯维淼编著. -- 北京:清华大学出版社,2025.5.
ISBN 978-7-302-69359-8

Ⅰ. TP393.092

中国国家版本馆CIP数据核字第20251KD530号

责任编辑:安　妮
封面设计:刘　键
责任校对:刘惠林
责任印制:曹婉颖

出版发行:清华大学出版社
网　　址:https://www.tup.com.cn,https://www.wqxuetang.com
地　　址:北京清华大学学研大厦A座
邮　　编:100084
社 总 机:010-83470000
邮　　购:010-62786544
投稿与读者服务:010-62776969,c-service@tup.tsinghua.edu.cn
质量反馈:010-62772015,zhiliang@tup.tsinghua.edu.cn
课件下载:https://www.tup.com.cn,010-83470236
印 装 者:三河市科茂嘉荣印务有限公司
经　　销:全国新华书店
开　　本:185mm×260mm　　　印　张:11.25　　　字　数:267千字
版　　次:2025年6月第1版　　　印　次:2025年6月第1次印刷
印　　数:1~1500
定　　价:59.00元

产品编号:108609-01

序

纵观浏览器的发展,从 Netscape 与 IE 竞争,到 IE 6.0 成为最流行的浏览器,再到 Firefox 提供丰富的扩展和插件及 Chrome 1.0 的加入,选择什么浏览器已经成为广大开发者面临的重要问题。在众多浏览器中,Chromium 以其开源的特性和强大的扩展能力,逐渐成为开发者的首选。微软于 2022 年 6 月 16 日宣布,不再对 IE 提供支持,转而支持 Chromium。Chromium 已经成为浏览器开发领域的事实标准。

作为一名 JavaScript 爱好者,我深知浏览器指纹采集的重要性。因为无论你是一名开发者,还是一名爬虫爱好者,都需要了解浏览器指纹的采集和定制。

在这方面,李岳阳先生以其独到的见解和深厚的技术积淀,编著了本书。他以简洁明了的方式,将复杂的技术概念和实用的开发方法融入书中,为广大开发者提供了宝贵的学习资源。

李岳阳先生不仅在技术上有着卓越的成就,更是一个热衷于分享和帮助他人的人。他总是乐于与同事和朋友分享他的知识和经验,让更多人了解浏览器指纹。正是这种无私奉献的精神,使得他能够编写出这样一本既专业又易懂的教程。

本书涵盖了从开发环境搭建到指纹定制的全过程,内容翔实、理论与实战相结合。无论是初学者还是有经验的开发者,都能从中受益匪浅。李岳阳先生在书中详细讲解了硬件和软件指纹的定制方法,以及应对自动化检测的技巧,为读者提供了全面的解决方案。

这本书不仅是技术的结晶,更是李岳阳先生多年实践经验的总结。我相信,通过阅读和实践本书,读者定能在浏览器指纹领域有所突破,为自己的技术之路增添新的光彩。

我为能够认识并与李岳阳先生成为朋友而感到荣幸。在此,我衷心祝愿本书能够得到广大读者的喜爱,并在行业内引起热烈反响。

阿布

2024 年 6 月

前　言

在当前的技术领域中,关于 Chromium 浏览器的资料非常稀缺。大多数初学者在学习 Chromium 浏览器时,唯一的选择就是阅读官方文档。我从四年前开始深入学习 Chromium 源码,独自摸索了很长时间,深知这一学习之路的艰辛与挑战。为此,我设计了这本适合初学者的 Chromium 教程,而且针对的是指纹浏览器开发这一方向。

本书是国内首本专门讲解 Chromium 指纹浏览器开发的技术书籍,旨在为广大读者提供一份全面而深入的指南。内容涵盖了从 Chromium 的环境搭建、基础知识,到浏览器指纹的传递、软硬件指纹的获取方式和定制方法。每个步骤都力求做到易懂、详细且实用,帮助读者一步步掌握 Chromium 指纹浏览器开发的精髓。

本书共 8 章,围绕 Chromium 浏览器的 119 版本进行讲解,并配合实际代码编写,旨在帮助读者掌握指纹浏览器的开发。

第 1 章介绍浏览器开发环境的搭建,包括 VMware 安装配置、Windows 11 虚拟机的创建、Chromium 开发环境配置及源码拉取和编译。通过本章的学习,读者将会搭建起一个完整的 Chromium 浏览器开发环境。

第 2 章讲解 Chromium 浏览器的基础知识,详细介绍了 Chromium 源码的目录结构、多进程架构及其调试方法,并深入解析了 Blink 渲染引擎的工作原理和模块组成。通过本章的学习,读者将会掌握 Chromium 浏览器的基础架构和核心组件。

第 3 章讲解 Chromium 浏览器进行指纹传递的方法,介绍如何通过工具类在不同进程间传递指纹信息,重点讲解 RendererProcessHost 的初始化和添加渲染进程命令行的函数。通过本章的学习,读者将会实现指纹信息的传递和管理。

第 4 章讲解 Chromium 硬件指纹的定制,详细介绍各类硬件指纹的获取与定制方法,包括 Canvas 指纹、WebGL 指纹、WebAudio 指纹、设备内存和处理器、充电电池信息、网络连接信息及触摸屏信息的定制。通过本章的学习,读者将会掌握硬件指纹的定制方法。

第 5 章讲解 Chromium 软件指纹的定制,详细介绍各类软件指纹的定制方法,包括 WebRTC 指纹、浏览器 navigator 指纹、时区时间信息、doNotTrack 指纹、UA 指纹、字体指纹、ClientRects 指纹及 Client Hints 指纹的定制。通过本章的学习,读者将会实现软件指纹的定制。

第 6 章讲解浏览器指纹之间的关联性,介绍了如何关联 IP 指纹和 HTTP 指纹,并详细讲解了 UA 指纹关联、HTTP 请求头和 Client Hints 请求头关联的方法。通过本章的学习,读者将会实现多种指纹信息的关联与统一管理。

第 7 章讲解 TLS/SSL 指纹信息,介绍了 TLS/SSL 协议的基础知识及其指纹信息,重点讲解了 JA3 和 JA4 指纹的获取与修改方法,并提供了 BoringSSL 的介绍和指纹修改的具体步骤。通过本章的学习,读者将会掌握 TLS/SSL 指纹的定制技巧。

第 8 章讲解自动化驱动指纹浏览器,介绍了自动化浏览器技术及其在指纹浏览器中的应用,详细讲解了 Playwright 自动化工具的使用方法,并探讨了自动化检测及其应对策略,包括 isTrusted 属性应对、CDP 检测和无头模式检测的方法。通过本章的学习,读者将会实现对指纹浏览器的自动化驱动与检测应对。

我从事计算机教育多年,本书是从过去设计的浏览器课程整理而来的,与此同时,冯维淼老师多次和我探讨浏览器指纹相关的内容,并给予了我可行的技术建议,最终完成了本书的编写,希望能够为读者提供切实的帮助和指导。相信这本书能够让读者在学习 Chromium 指纹浏览器开发的道路上有所收获,少走弯路。

由于编者水平有限,书中疏漏之处在所难免,欢迎广大同行和读者批评指正。

李岳阳

2024 年 6 月

目 录

第1章 浏览器开发环境搭建 /1
1.1 VMware 虚拟机环境构建 /1
1.1.1 VMware 安装配置 /1
1.1.2 Windows 11 虚拟机的创建 /4
1.2 Chromium 开发环境配置 /8
1.2.1 Visual Studio 安装配置 /8
1.2.2 Windows 11 SDK 安装配置 /9
1.2.3 depot_tools 工具配置 /9
1.3 Chromium 源码拉取 /14
1.3.1 获取 Chromium 最新版源码 /14
1.3.2 获取 Chromium 指定版本源码 /15
1.4 Chromium 源码编译 /17
1.4.1 编译调试版本 /17
1.4.2 编译发布版本 /20
1.4.3 可能的编译错误 /21
1.5 本章小结 /22

第2章 Chromium 浏览器基础 /23
2.1 Chromium 源码目录详解 /23
2.2 Chromium 多进程架构 /32
2.2.1 多进程架构 /32
2.2.2 查看进程模型状态 /33
2.2.3 Chromium 进程启动方式 /36
2.2.4 Visual Studio 调试多进程 /37
2.3 Blink 渲染引擎 /39
2.3.1 Blink 运行方式 /39
2.3.2 Blink 模块 /40

2.3.3　Blink 目录结构　　/41
2.3.4　Blink 线程创建　　/43
2.4　本章小结　　/44

第 3 章　Chromium 浏览器指纹传递　　/45
3.1　Chromium 命令行工具　　/45
3.1.1　查看进程命令行　　/45
3.1.2　switches 定义　　/46
3.1.3　CommandLine 命令行　　/47
3.2　JSON 工具类　　/51
3.2.1　JSONReader 类　　/51
3.2.2　JSONWriter 类　　/53
3.3　RendererProcessHost 传递　　/54
3.3.1　初始化　　/54
3.3.2　添加渲染进程命令行　　/58
3.4　本章小结　　/59

第 4 章　Chromium 硬件指纹定制　　/60
4.1　Canvas 指纹　　/60
4.1.1　Canvas 指纹概述　　/60
4.1.2　Canvas 指纹获取　　/61
4.1.3　Canvas 指纹修改　　/62
4.2　WebGL 指纹　　/68
4.2.1　WebGL 指纹概述　　/68
4.2.2　WebGL 指纹获取　　/69
4.2.3　WebGL 指纹修改　　/70
4.3　WebAudio 指纹　　/72
4.3.1　WebAudio 指纹概述　　/72
4.3.2　WebAudio 指纹获取　　/74
4.3.3　WebAudio 指纹修改　　/75
4.4　WebGPU 指纹　　/77
4.4.1　WebGPU 指纹概述　　/77
4.4.2　WebGPU 指纹获取　　/79
4.4.3　WebGPU 指纹修改　　/80
4.5　设备内存和处理器　　/81
4.5.1　设备内存指纹定制　　/81

4.5.2 处理器指纹定制 /82
4.6 充电电池信息 /83
　　4.6.1 充电电池信息概述 /83
　　4.6.2 充电电池信息定制 /84
4.7 网络连接信息 /85
　　4.7.1 网络连接信息概述 /85
　　4.7.2 网络连接信息定制 /86
4.8 屏幕尺寸 /89
　　4.8.1 屏幕信息概述 /89
　　4.8.2 屏幕信息定制 /90
4.9 触摸屏 /92
　　4.9.1 浏览器触摸屏概述 /92
　　4.9.2 浏览器触摸屏支持检测 /95
　　4.9.3 浏览器触摸屏指纹定制 /95
4.10 本章小结 /96

第 5 章 Chromium 软件指纹定制 /98

5.1 WebRTC 指纹 /98
　　5.1.1 WebRTC 概述 /98
　　5.1.2 WebRTC 内网 IP 定制 /101
　　5.1.3 WebRTC 外网 IP 定制 /102
5.2 浏览器 navigator 指纹 /103
　　5.2.1 navigator 指纹概述 /103
　　5.2.2 navigator 指纹定制 /105
5.3 时区时间信息 /107
　　5.3.1 时区时间信息概述 /107
　　5.3.2 时区时间信息定制 /108
5.4 doNotTrack 指纹 /110
　　5.4.1 doNotTrack 概述 /110
　　5.4.2 doNotTrack 指纹定制 /111
5.5 UA 指纹 /111
　　5.5.1 UA 概述 /111
　　5.5.2 UA 定制 /113
5.6 字体指纹 /114
　　5.6.1 字体指纹概述 /114
　　5.6.2 字体指纹定制 /115

5.7 ClientRects 指纹　　　/118
　　5.7.1　ClientRects 指纹概述　　/118
　　5.7.2　ClientRects 指纹定制　　/120
5.8 Client Hints 指纹　　　/121
　　5.8.1　Client Hints 指纹概述　　/121
　　5.8.2　Client Hints 指纹定制　　/123
5.9 本章小结　　/126

第 6 章　浏览器指纹关联　　/127

6.1 IP 指纹关联　　/127
　　6.1.1　IP 指纹关联概述　　/127
　　6.1.2　IP 指纹关联操作　　/128
　　6.1.3　IP 指纹其他关联　　/129
6.2 HTTP 指纹关联　　/129
　　6.2.1　UA 指纹关联概述　　/129
　　6.2.2　utility 进程命令行参数　　/130
　　6.2.3　HTTP 请求头 UA 匹配　　/132
　　6.2.4　Client Hints 请求头关联　　/133
6.3 本章小结　　/134

第 7 章　TLS/SSL 指纹信息　　/135

7.1 TLS/SSL 基础知识　　/135
　　7.1.1　TLS/SSL 协议简介　　/135
　　7.1.2　TLS/SSL 握手阶段　　/136
　　7.1.3　TLS/SSL 数据传输阶段　　/137
7.2 TLS/SSL 指纹信息　　/138
　　7.2.1　JA3 指纹　　/138
　　7.2.2　JA4 指纹　　/140
7.3 TLS/SSL 指纹修改　　/140
　　7.3.1　BoringSSL 介绍　　/140
　　7.3.2　TLS/SSL 指纹修改说明　　/141
　　7.3.3　TLS/SSL 指纹修改　　/142
7.4 本章小结　　/150

第 8 章　自动化驱动指纹浏览器　　/152

8.1 自动化驱动浏览器　　/152

   8.1.1 自动化浏览器技术概述 /152
   8.1.2 Playwright 自动化工具 /152
 8.2 自动化检测 /155
   8.2.1 自动化检测方法 /155
   8.2.2 isTrusted 应对 /156
   8.2.3 CDP 检测 /158
   8.2.4 无头模式检测 /160
 8.3 本章小结 /166

附录 A 部分网址汇总 /167

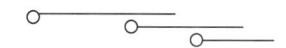

第 1 章 浏览器开发环境搭建

因为 Chromium 浏览器的开发环境相当复杂,所以在正式开发浏览器之前,先得建立一个完善的环境。为了避免污染本地环境,建议利用虚拟机来构建一个干净的操作系统环境。这样做不仅方便实践本书的内容,还有助于及时发现和解决可能出现的环境问题。

本章将介绍如何搭建浏览器开发的虚拟机环境,讲解如何拉取 Chromium 浏览器的最新版源码和指定版本的源码,以及如何编译生成浏览器可执行文件。

1.1 VMware 虚拟机环境构建

本节将会介绍如何在计算机端搭建一个理想的开发环境,以及如何利用 VMware 虚拟机来创建一个干净、整洁的开发空间,让 Chromium 指纹浏览器的开发人员和爱好者可以在其中安心地探索和开发。开发环境的构建是本书的基础,需要读者按照教程耐心地完成环境配置。

1.1.1 VMware 安装配置

本次的安装教程以 Workstation 17 Pro for Windows 为例。该软件的官方下载地址是 https://www.vmware.com/products/workstation-player.html,下载、安装和配置的步骤如下。

(1)进入软件官网页面后,单击 DOWNLOAD FOR FREE 按钮,如图 1-1 所示。接着在跳转页面单击 GOTO DOWNLOADS 链接,打开最终的下载页面,如图 1-2 所示。单击 DOWNLOAD NOW 按钮完成 Windows 平台下的软件下载。

图 1-1 VMware 软件官网页面

图 1-2　VMware 下载页面

(2) 软件下载完毕后即可运行安装包,在出现如图 1-3 所示的对话框后,一直单击"下一步"按钮即可。当遇到如图 1-4 所示的协议时,勾选"我接受许可协议中的条款"并单击"下一步"按钮。在选择下载路径时,建议尽量避免出现中文路径名。在之后出现的用户体验设置中选择默认选项,接着一直单击"下一步"按钮直到出现"安装"按钮为止。

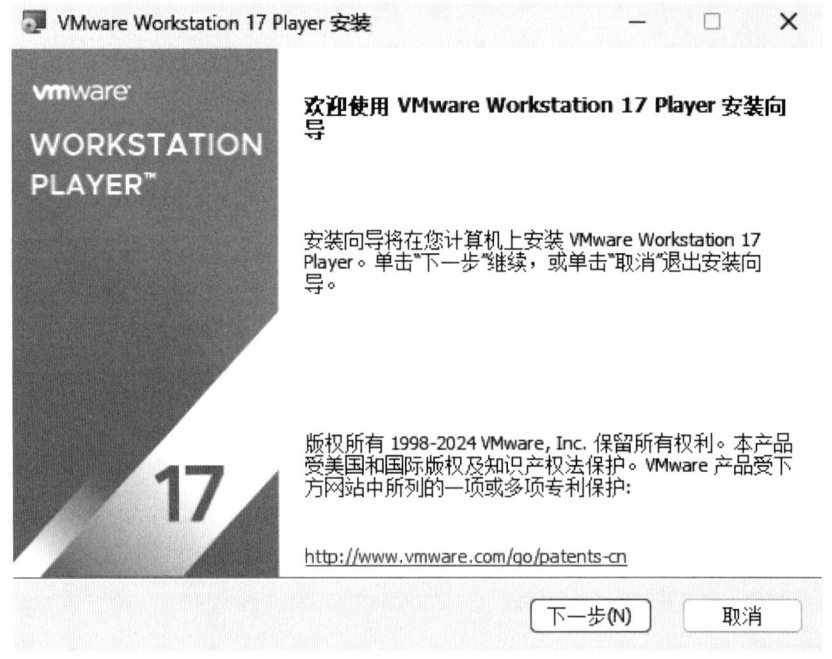

图 1-3　VMware 安装向导

(3) VMware 安装完毕后,桌面上会出现 VMware 的快捷方式。双击打开 VMware 后,会出现如图 1-5 所示的启动页面,这说明软件已经正常安装,可以开始使用了。

当前的 VMware 只是一个可以帮助开发人员进行虚拟机环境配置的软件,还不存在操作系统的 ISO 镜像,有了操作系统的 ISO 镜像之后,才可以新建纯净的虚拟机环境。接下来将进行 Windows 11 的 ISO 镜像文件的下载和虚拟机的创建。

图 1-4　最终用户许可协议

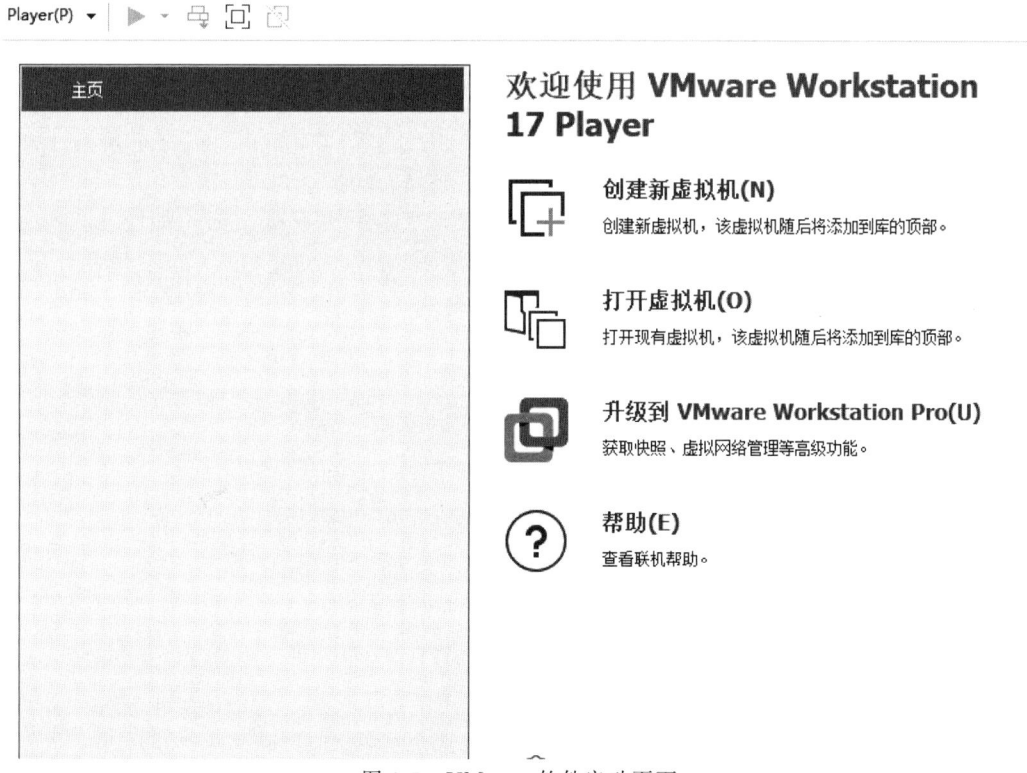

图 1-5　VMware 软件启动页面

1.1.2　Windows 11 虚拟机的创建

Windows 11 的 ISO 镜像文件下载地址为 https://www.microsoft.com/zh-cn/software-download/windows11，其下载步骤如下。

（1）如图 1-6 所示，在打开的微软官网中，选择"下载 Windows11 磁盘映像（ISO）"版块，然后在下拉菜单中选择 Windows 11（multi-edition ISO）选项。

图 1-6　Windows 镜像下载页面

（2）单击"下载"按钮，网站会有短暂的请求验证。通过验证后，进入"产品语言下载"选项，在下拉菜单中选择"简体中文"选项，并单击"确认"按钮。

（3）语言选择完毕后，会出现新的 Windows 11 简体中文下载按钮。如图 1-7 所示，单击 64-bit Download 按钮，会进入 ISO 镜像下载。值得注意的是，ISO 镜像大小为 6GB 左右，因此要预留出下载空间，也要有良好的网络环境。

图 1-7　Windows 11 简体中文下载按钮

完成 Windows 11 的 ISO 镜像文件的下载之后,需要结合 1.1.1 节中安装的 VMware 软件来完成 Windows 11 虚拟机的创建。在打开的 VMware 软件页面中,可通过以下步骤完成虚拟机的创建。

(1) 如图 1-8 所示,单击软件中的"创建新虚拟机"选项,在弹出的"新建虚拟机向导"对话框中选择"安装程序光盘映像文件"选项,在"浏览"按钮中选择上面下载的 Windows 11 的 ISO 镜像文件。

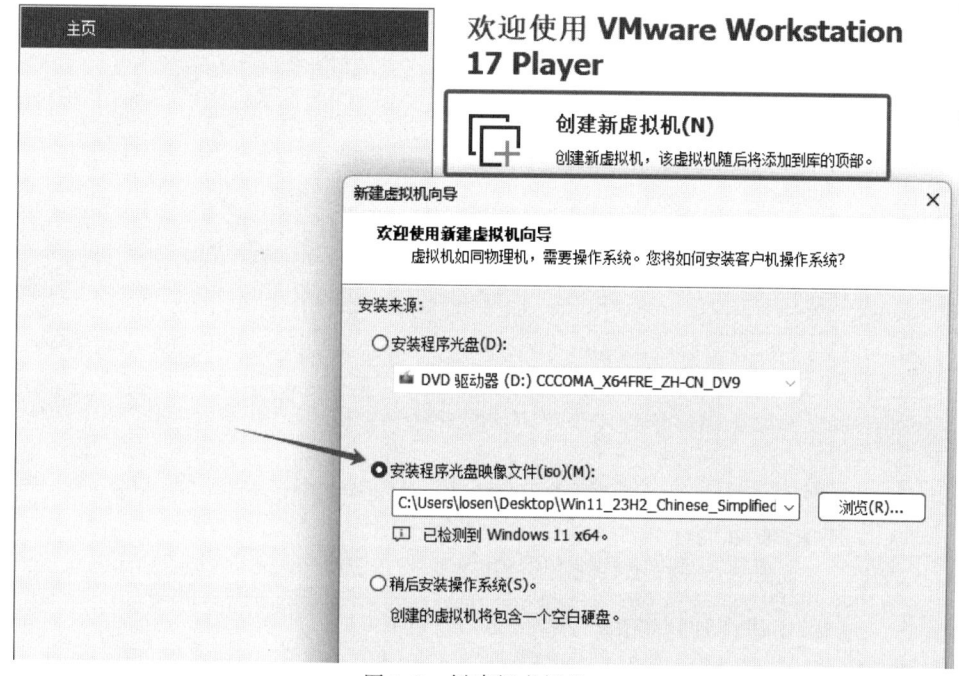

图 1-8 创建新虚拟机

(2) 单击"下一步"按钮直到出现如图 1-9 所示的页面。由于此客户机操作系统需要加密的可信平台模块才能运行,因此需要进行初始化密码设置。输入密码和确认密码后,单击"下一步"按钮,进入实际的虚拟机资源分配。

(3) 在虚拟机处理器的数量方面,可以为虚拟机多分配处理器。Chromium 浏览器的编译文件很多,如果处理器数量较少,则会花费大量时间在浏览器编译上,但是虚拟机的处理器数量无法突破实际宿主机的硬件上限,需要合理安排。

(4) 在虚拟机的内存分配上,至少需要分配 8GB 内存空间,强烈建议超过 16GB,如图 1-10 所示,这里分配的是 30GB 的内存空间。

(5) 内存分配完毕之后,单击"下一步"按钮会进入网络类型选择页面。网络类型推荐选择"使用网络地址转化(NAT)"选项,这样客户机操作系统将会用主机的 IP 地址连接网络。完成网络类型选择后,单击"下一步"按钮,进入指定磁盘容量页面。

(6) 如图 1-11 所示,在设置最大磁盘大小的时候,因为 Chromium 浏览器的编译环境和代码需要占用大量空间,所以推荐将其设置为 300GB。在 Chromium 官方文档中,明确有要求预留至少 100GB 的 NTFS 格式的磁盘空间。因为某些 Git 包文件大于 4GB,所以

5

图 1-9 平台密码设置

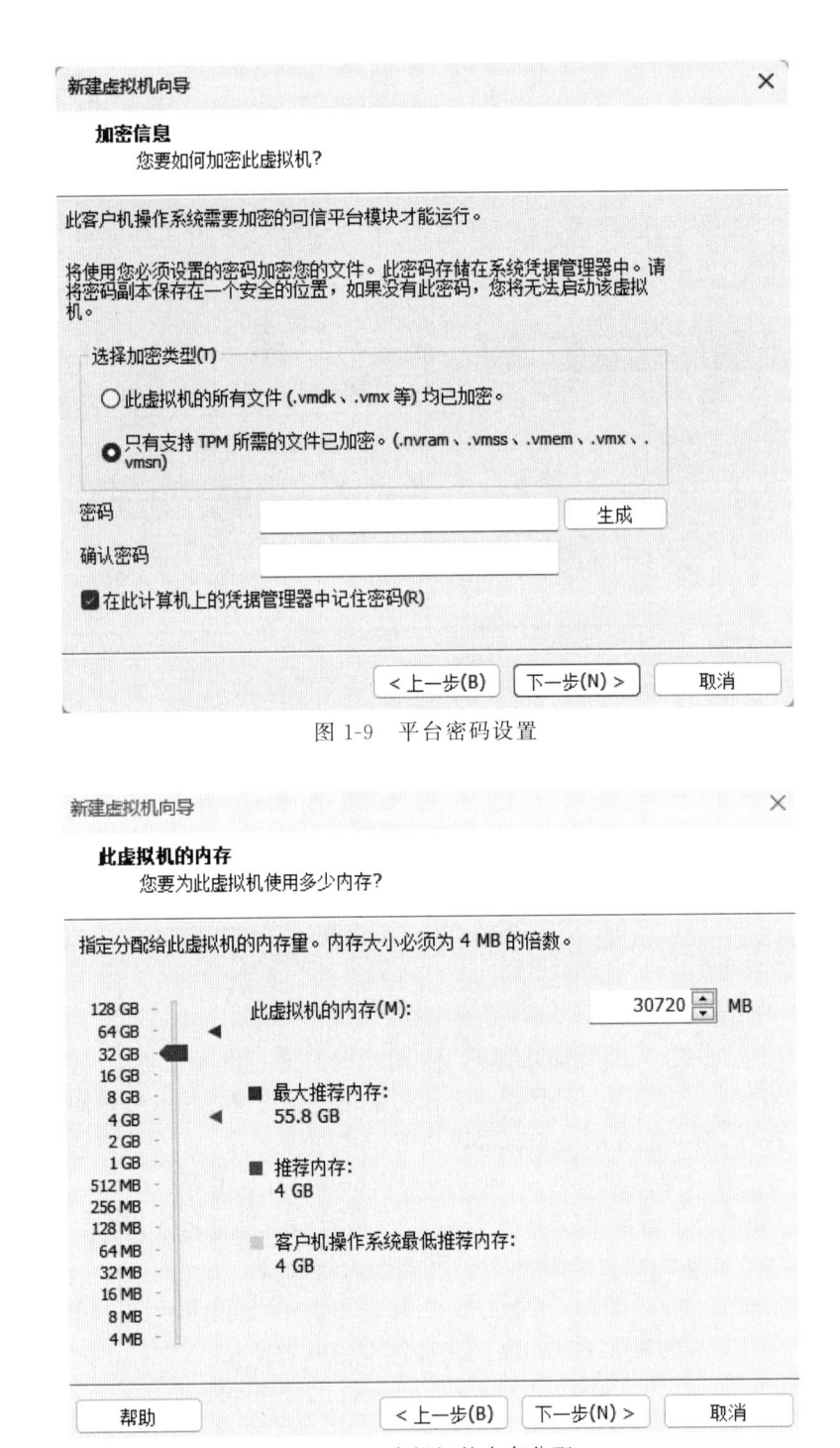

图 1-10 虚拟机的内存分配

在 FAT32 格式的硬盘驱动器上编译 Chromium 会出现错误。

（7）单击"下一步"按钮，直到出现如图 1-12 所示的页面。单击"完成"按钮进入虚拟机创建流程，创建完毕后会自动运行纯净的 Windows 11 操作系统。

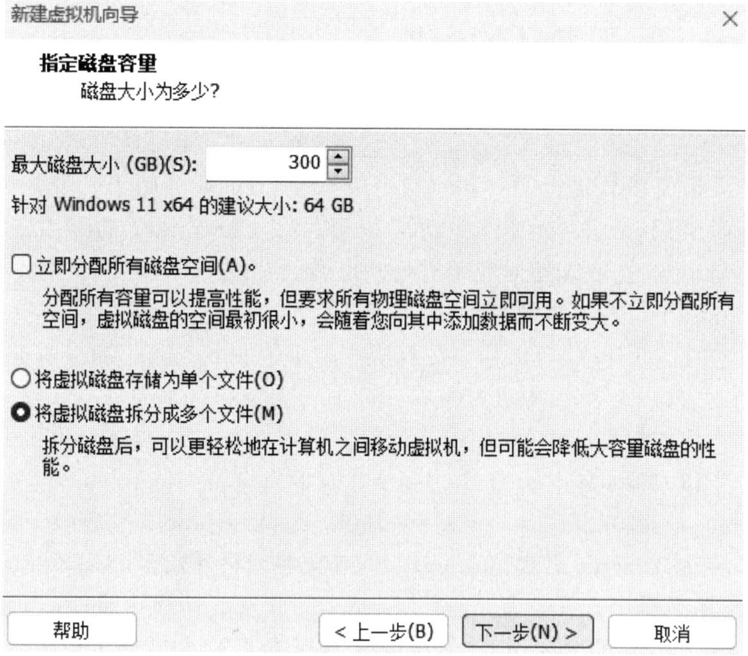

图 1-11　指定磁盘容量

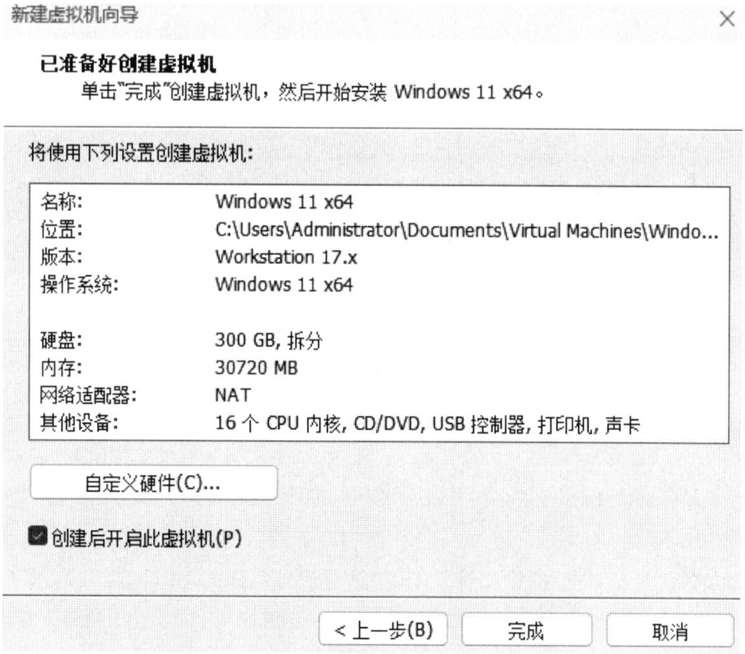

图 1-12　已准备好创建虚拟机页面

1.2　Chromium 开发环境配置

1.2.1　Visual Studio 安装配置

Visual Studio 是微软提供的一款集成开发环境（IDE），可用于开发各种类型的应用程序，包括桌面应用、Web 应用和移动应用等。在 Chromium 的开发过程中，Visual Studio 不仅参与了构建，还能够对源码进行断点调试。

目前，Chromium 浏览器的编译需要使用 Visual Studio 2022（≥17.0.0），随着 Chromium 版本的不断升级，可能需要更高版本的 Visual Studio。如果要查阅 Chromium 官方编译文档，可以在附录 A 中进行查看。

接下来会介绍如何完成 Visual Studio 2022 的下载和 Chromium 开发环境的配置。

（1）如图 1-13 所示，在 Visual Studio 下载页面 https://learn.microsoft.com/en-us/visualstudio/releases/2022/release-notes#1796--visual-studio-2022-version-1796 中存在 3 个不同版本，单击 Download Community 2022 按钮即可开始 Visual Studio 的下载。其中 Community 版适合个人开发者，它提供了基本的开发工具和功能；Professional 版面向专业开发人员和中小型开发团队，它在 Community 版基础上增加了更多功能和工具，如性能分析器、代码版本控制器等；Enterprise 版面向大型企业和复杂的软件开发项目，提供了更全面的功能和工具。

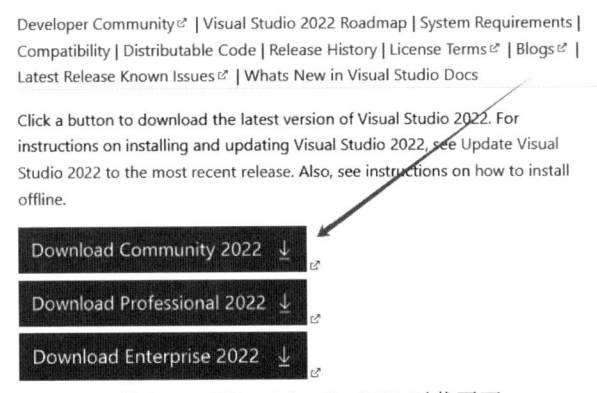

图 1-13　Visual Studio 2022 下载页面

（2）在进行 Visual Studio 2022 组件下载时，如图 1-14 所示，必须勾选"使用C++的桌面开发"选项，并且必须在右边的复选框中勾选"适用于最新 v143 生成工具的 C++ ATL"（因名字太长，故列表未显示）和"适用于最新 v143 生成工具的 C++ MFC"两个选项。

（3）等待第（2）步勾选的组件全部下载完毕之后，打开如图 1-15 所示的目录文件夹，即可看到 Visual Studio 2022 的可执行程序 devenv.exe，双击后即可打开 Visual Studio 2022。

图 1-14　Visual Studio 2022 组件下载

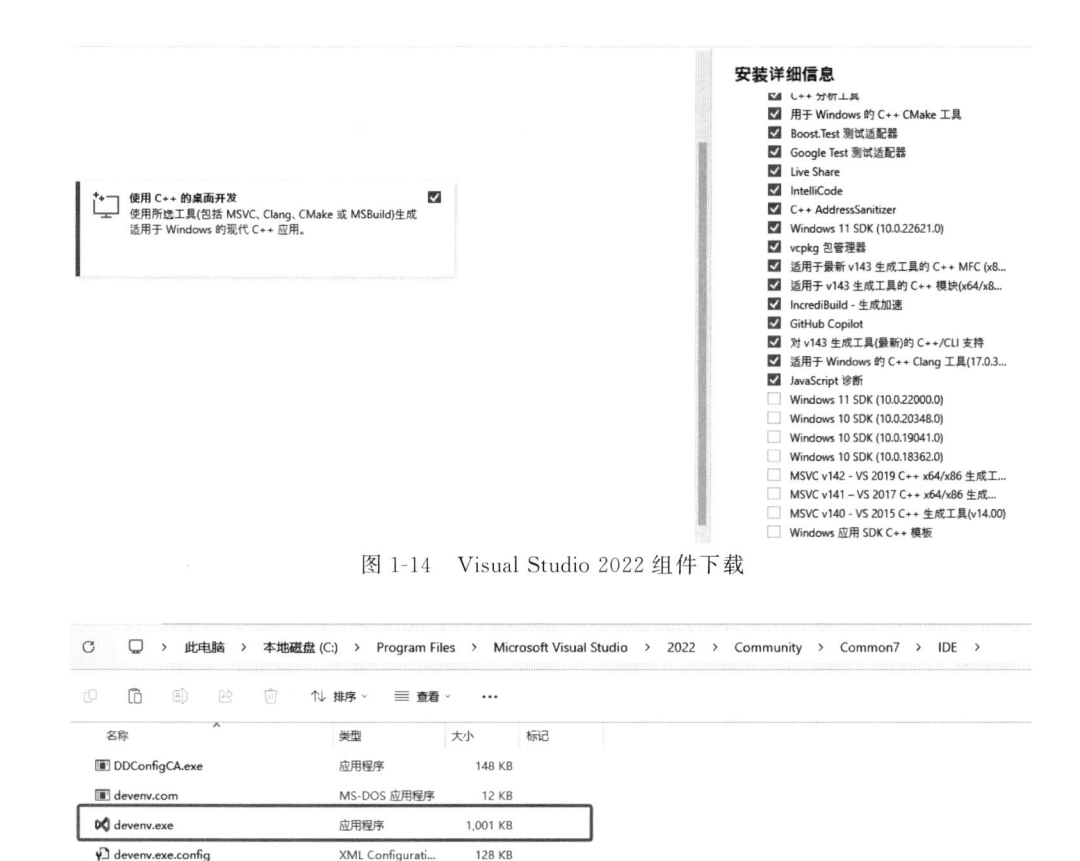

图 1-15　Visual Studio 2022 可执行程序

1.2.2　Windows 11 SDK 安装配置

根据当前的 Chromium 官方文档，需要下载 Windows 11 SDK 的 10.0.22621.2428 版本，该软件的下载地址位于 https://developer.microsoft.com/en-us/windows/downloads/sdk-archive/。如图 1-16 所示，单击 Install SDK 链接即可开始下载。值得注意的是，随着 Chromium 版本演进，SDK 的版本要求也会随之变化，因此需要及时查阅官方编译文档进行版本修改。

在 SDK 下载成功之后，要对 SDK 的配置进行修改。可以打开"控制面板"窗口，依次单击"程序"→"程序和功能"选项，如图 1-17 所示，在列出的软件列表框中选择对应的 Windows SDK。需要注意的是，必须勾选其中的 Debugging Tools for Windows 选项，否则不能完成 Chromium 浏览器的编译。

1.2.3　depot_tools 工具配置

在 Chromium 中，depot_tools 是一个特定的工具集，用于简化和管理开发过程中的各种任务，包括代码获取、代码审查、构建和测试等。这个工具集包含了一系列实用程序和脚本，可以帮助开发者更方便地与 Chromium 进行交互。

Windows SDK and emulator archive

This archive contains SDK releases and updates for earlier Windows and Windows Phone platform versions, as well as emulator releases supporting development and UX testing for mobile device experiences. For the latest editions of Visual Studio and the Windows developer tools, see Downloads and tools for Windows.

Windows 11

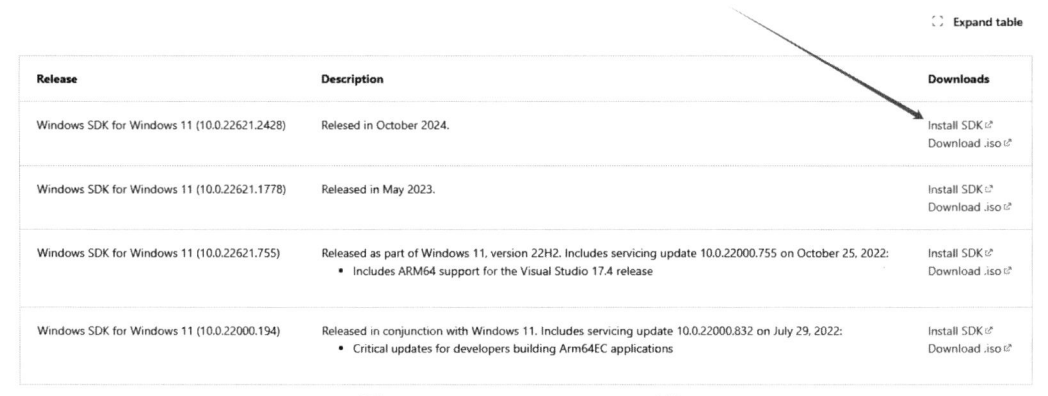

Release	Description	Downloads
Windows SDK for Windows 11 (10.0.22621.2428)	Relesed in October 2024.	Install SDK Download .iso
Windows SDK for Windows 11 (10.0.22621.1778)	Released in May 2023.	Install SDK Download .iso
Windows SDK for Windows 11 (10.0.22621.755)	Released as part of Windows 11, version 22H2. Includes servicing update 10.0.22000.755 on October 25, 2022. • Includes ARM64 support for the Visual Studio 17.4 release	Install SDK Download .iso
Windows SDK for Windows 11 (10.0.22000.194)	Released in conjunction with Windows 11. Includes servicing update 10.0.22000.832 on July 29, 2022. • Critical updates for developers building Arm64EC applications	Install SDK Download .iso

图 1-16　Windows 11 SDK 下载

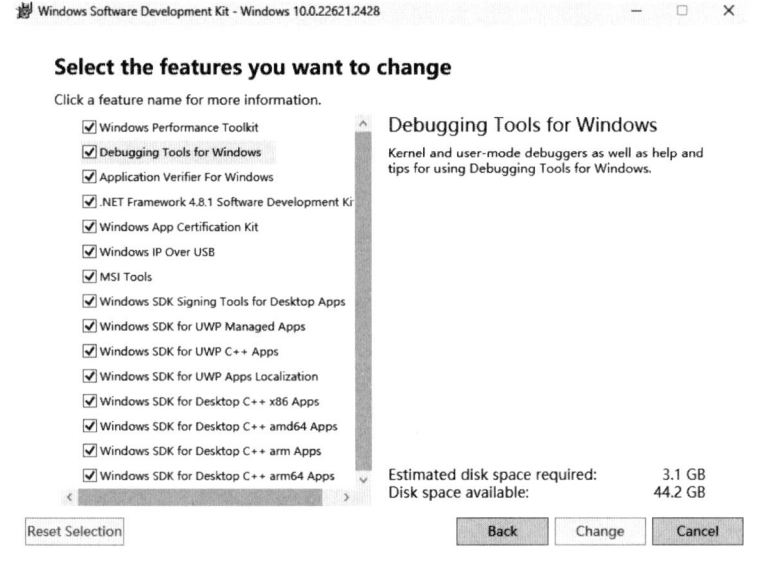

图 1-17　SDK 选项勾选

具体来说，depot_tools 包括以下一些常用的工具和脚本。

（1）gclient：用于管理多个 Git 代码仓库的工具。通过 gclient 可以方便地获取 Chromium 的所有代码仓库，并进行更新和同步。

（2）fetch：用于从 Chromium 的代码仓库中获取特源码。它会自动处理依赖关系，确保获取到的代码是完整和可用的。

（3）ninja：用于构建 Chromium 的工具。ninja 是一个快速构建系统，能够并行地构建项目代码，提高构建效率。

（4）gn：用于生成 Chromium 的构建配置（build configuration）文件。gn 是一个元构建系统，允许开发者使用一种简单且灵活的语言来描述项目的构建配置。

depot_tools 的下载地址为 https://storage.googleapis.com/chrome-infra/depot_tools.zip。由于下载的是一个压缩包，因此需要将其解压缩到某个位置。如图 1-18 所示，这里将压缩包解压缩到了 C:\chromium119\depot_tools。

图 1-18　压缩包解压缩目录

此外，为了能够全局使用 depot_tools 包含的工具和脚本，需要将其配置到全局环境当中，具体步骤如下。

（1）右击计算机桌面的"此电脑"图标，在弹出的菜单中选择"属性"菜单项。接着在弹出的窗口中依次单击"高级系统设置"→"环境变量"选项，进入"系统变量"窗口。

（2）如图 1-19 所示，双击"系统变量"窗口中的 Path 选项，进入"编辑环境变量"窗口。

图 1-19　系统变量

（3）在"编辑环境变量"窗口中，单击如图 1-20 所示的"新建"按钮，输入 depot_tools 的解压目录，同时不断单击"上移"按钮，将其置顶。

图 1-20 "编辑环境变量"窗口

（4）编辑完毕后，单击右下角"确定"按钮关闭当前窗口，之后单击如图 1-19 所示的"新建"按钮，配置 depot_tools 的环境变量。将变量名设置为 DEPOT_TOOLS_WIN_TOOLCHAIN，变量值设置为 0，具体内容如图 1-21 所示，之后单击"确定"按钮完成新建。

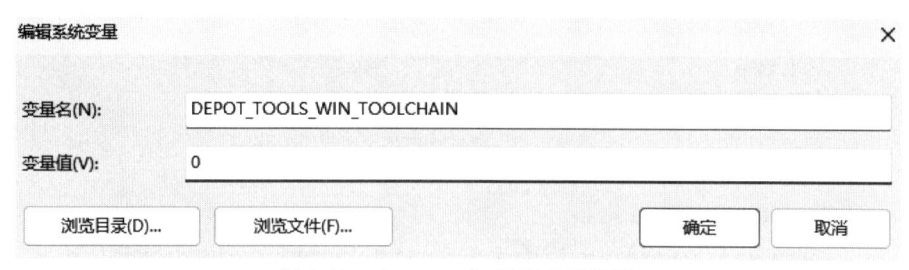

图 1-21 depot_tools 环境变量配置

（5）接着继续单击"新建"按钮，配置 Visual Studio 2022 的环境变量。将变量名设置为 vs2022_install，变量值设置为 Visual Studio 2022 所在目录，具体内容如图 1-22 所示，之后单击"确定"按钮完成新建。

图 1-22　Visual Studio 2022 环境变量配置

在完成上述全部配置之后，打开 CMD 命令行，在命令行中输入以下命令：

```
>gclient
```

需要注意的是，该命令会自动安装 Windows 平台下所需的编译工具，如果命令是从非 CMD 中运行的，它可能看起来运行正常，但相关依赖工具可能无法正确安装。而且此命令需要连接 Google 官网以实现工具下载。当出现如图 1-23 所示的内容时，说明命令运行成功。

图 1-23　gclient 命令运行结果

如果下载的是较早版本的 Chromium 源码，depot_tools 也是需要切换到对应版本的，否则在编译阶段将会出现各种编译错误。

1.3 Chromium 源码拉取

1.3.1 获取 Chromium 最新版源码

Git 是一个分布式版本控制系统，用于管理代码的版本和协作开发，它是目前最流行和广泛使用的版本控制系统之一。在 Chromium 中，通常使用 gclient 来拉取源代码，并使用 Git 来对代码进行版本控制和管理。开发者可以使用 gclient 命令来进行初始化项目、更新代码和切换分支等操作，而 Git 命令则用于提交修改、查看历史记录等常规的版本控制操作。因此，Git 和 gclient 在 Chromium 中共同发挥作用，使得开发者可以更方便地进行代码管理和协作。

接下来会实际拉取 Chromium 源码，在拉取源码之前，需要先对 Git 进行一些基础配置。打开 CMD 命令行工具，依次输入以下命令：

```
>git config --global user.name "Your Name"
>git config --global user.email "u-name@mail.com"
>git config --global core.autocrlf false
>git config --global core.filemode false
>git config --global branch.autosetuprebase always
>git config --global core.longpaths true
```

第一个命令用于设置 Git 全局用户名，可以将 Your Name 替换为想要显示的用户名，当后续再提交代码时，Git 会记录这个用户名。第二个命令用于设置 Git 全局用户邮箱地址，替换 u-name@mail.com 为个人的邮箱地址，和用户名一样，邮箱地址也会在提交代码的时候被记录下来。第三个命令用于配置 Git 在提交文件的时候是否自动转换行尾符，Windows 和 UNIX 系统中的行尾符是不同的，该命令设置为 false 表示禁用。第四个命令用于配置 Git 是否跟踪文件的执行权限，设置为 false 表示不跟踪文件的执行权限变化。第五个命令用于配置 Git 是否在创建分支的时候自动设置为使用 rebase 合并，设置为 always 表示 Git 会自动将新分支设置为使用 rebase 合并。最后一个命令用于配置 Git 在处理长路径和文件名时的行为，设置为 true 表示启动 Git 对长路径和文件名的支持。

在 Windows 平台上，默认情况下，Git 对于路径名和文件名的长度有限制。这可能导致 Git 在处理一些包含较长路径或文件名的项目时出现问题。通过设置 core.longpaths 为 true 可以解决这个问题，使得 Git 能够处理更长的路径名和文件名。

Git 相关配置设置完毕之后，在任意目录下创建一个空的文件夹，之后在该文件夹下打开 CMD 命令行，输入以下命令即可开始拉取最新版 Chromium 源码：

```
>fetch chromium
```

其中的 fetch 命令正是之前 depot_tools 中包含的脚本，这个命令运行之后可从远程仓库中获取 Chromium 项目的代码,并将其拉取到本地,同时会拉取完整的存储库历史记录,包括所有的提交、分支和标签信息。如果对项目的历史记录不感兴趣,或者只是想获取最新的代码而不需要完整的历史记录,可以添加--no-history 标志来节省时间和空间。这个标志告诉 Git 只拉取最新的代码快照,而不需要完整的历史记录。这样可以加快拉取的速度,并减少所需的存储空间。具体命令如下所示:

```
>fetch --no-history chromium
```

拉取 Chromium 最新源码的命令估计需要执行若干小时,因此需要时刻保持网络通畅,并且配置计算机不进入睡眠或者休眠状态,否则可能会导致拉取错误。如果在源码拉取途中发生了任何错误,或者由于任何原因中断了源码拉取,此时不需要再次运行 fetch 命令,可以在拉取源码的目录下打开 CMD 命令行,输入以下命令,即可在之前的基础上继续进行源码拉取:

```
>gclient sync
```

这个命令用于同步本地代码库和远程仓库的内容,由于 Chromium 项目通常由多个子项目组成,因此每个子项目都可能有自己的代码仓库。gclient sync 命令会检查项目配置文件,并确保所有依赖的子项目都被拉取到本地,以及更新到与远程仓库相同的状态。一旦所有依赖项都被更新到本地,gclient sync 会从远程仓库拉取最新的代码变化,并将其应用到本地代码库中。这样确保了本地代码库是最新的,并包含了最新的代码变更。

在全部代码拉取完毕之后,当前目录下会出现一个名为 src 的目录,进入该目录后,即可看到 Chromium 最新版源码。

1.3.2 获取 Chromium 指定版本源码

Chromium 源码的更新是非常频繁的,如果想要查看 Chromium 源码的各个分支版本,可以访问附录 A 中的对应网站,如图 1-24 所示,该页面包含了 Chromium 在 Windows 平台下不同的分支版本和发布时间。

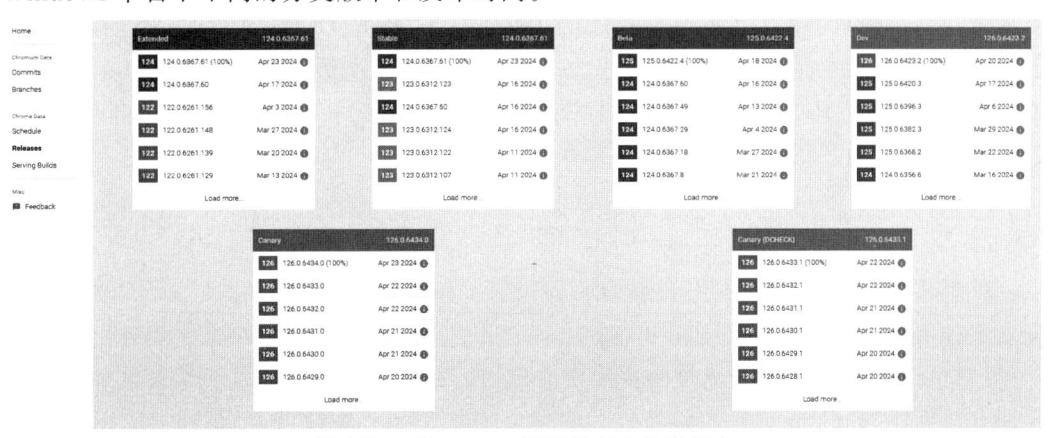

图 1-24　Chromium 源码的各个分支版本

在实际进行浏览器开发时,通常会基于某个固定版本进行开发,只有在出现版本差别较大的更新的时候,才会同步到新版源码。

本书开发的 Chromium 指纹浏览器基于版本 119.0.6045.123,要拉取指定版本源码,可以新创建一个文件夹,此处选择 1.2.3 节中的名为 chromium119 的文件夹,然后在该目录下进行指定版本源码拉取。首先需要配置 gclient 工具,以便于后续的代码拉取和管理,打开 CMD 命令行工具,输入以下命令:

```
>gclient config https://chromium.googlesource.com/chromium/src.git
```

这个命令用于配置 gclient 工具以使用指定的 Chromium 源代码仓库。接下来在该目录下新建一个名为 git_cache 的目录,接着再次输入下一个命令:

```
>gclient config --cache-dir C:\chromium119\git_cache
```

这个命令指定了一个本地缓存目录,用于存储从远程仓库拉取的代码副本,以便于后续的快速访问和减少网络传输量,从而提高代码的拉取效率。在这两个命令运行完毕之后,当前目录下会出现一个名为.gclient 的文件,打开后可以看到以下内容:

```
solutions=[
{"name":'src',
"url":'https://chromium.googlesource.com/chromium/src.git',
"deps_file":'DEPS',
"managed":True,
"custom_deps":{
},
"custom_vars":{},
},
]
cache_dir='C:\\chromium119\\git_cache'
```

其中,定义了一个名为 solutions 的列表,该列表包含了一个名为 src 的项目配置信息。项目配置包括该项目的名称、源代码仓库的 URL、依赖文件(DEPS 文件)的路径、是否由 gclient 管理、自定义依赖关系和自定义变量。这里的 src 项目指向了 Chromium 项目的源代码仓库,该仓库是 Chromium 项目的主要代码库。

最后,运行指定代码的同步命令,完成 119 版本的 Chromium 源码拉取:

```
>gclient sync --revision src@119.0.6045.123 --with_tags --with_branch_heads
```

这里将指定版本的代码拉取到本地,还拉取了相应的标签和分支头,这条命令的各部分含义如下。

(1) gclient sync:这是执行同步操作的命令。它会根据之前配置的项目列表来拉取代码并更新本地仓库。

(2) --revision src@119.0.6045.123:这个选项指定了要同步的代码的具体版本。src

@119.0.6045.123 指的是 Chromium 项目中的 src 项目版本号为 119.0.6045.123 的代码。

(3) --with_tags：这个选项表示在使用 gclient 同步代码时，会同时拉取代码仓库中的标签。标签通常用于标记重要的版本。

(4) --with_branch_heads：这个选项指示 gclient 同步操作同时拉取代码仓库中的分支头。分支头是每个分支的指针，它们标识了分支的最新提交。

1.4 Chromium 源码编译

1.4.1 编译调试版本

为了能够进行 Chromium 源码的断点调试，方便进行源码修改，需要编译一份调试版本的浏览器。调试版本的浏览器运行速度较慢，占用磁盘空间较大，因为其中会包含额外的调试信息，如符号表和调试日志等，这是为了方便开发者在调试程序时能够更快定位和解决问题。通常情况下，如果要对 Chromium 进行开发、调试或性能分析，会选择构建调试版本，以便更轻松地进行调试和定位问题。而在发布产品时，可能会选择构建发布版本，以获得更好的性能和更小的文件大小。

Chromium 的编译使用 Ninja 作为其主要的构建系统，并且使用 GN 工具来生成构建配置文件。使用 Ninja 和 GN 的组合使得 Chromium 的构建过程更加高效和灵活。

首先介绍 Ninja。当开发者想要使用许多小的组件合成一个大型项目时，才会使用名为 Ninja 的工具。如果正在建造一座城堡，而城堡是由许多小石头和木头搭建而成的。每个小石头和木头都是项目中的一部分，如一个代码文件、一个库文件或者其他资源。Ninja 就像是一个聪明的建筑师，它知道如何有效地组织这些小石头和木头，以便快速而高效地建造城堡。当开发者告诉 Ninja 想要建造什么样的城堡，即想要构建什么样的项目的时候，它会帮助开发者找到并安排所有需要的小石头和木头，然后按照正确的顺序将它们组装起来。这样，就可以在很短的时间内建造一座漂亮的城堡。简言之，Ninja 是一个帮助开发者将项目中的各部分组织起来并高效地构建项目的工具，就和一名聪明的建筑师一样。

GN(Generate Ninja)是一个构建配置生成工具，用于帮助管理大型项目的构建过程。它的作用类似设计蓝图，指导 Ninja 如何构建项目。假设正在建造一座房子，而房子的设计图纸就是由 GN 生成的。设计图纸告诉开发者在哪里放置墙壁、窗户、门等构建元素，以及它们的尺寸和位置。GN 为项目生成类似的设计图纸，告诉构建系统如何编译源代码、链接库文件、处理资源等。GN 的优势在于它的简洁性和灵活性。它使用一种简单的配置语言来描述项目的构建规则，而且可以轻松地适应不同的平台和需求。通过 GN 生成的设计图纸可以很容易地修改和定制，以满足项目的特定需求，就像开发者可以根据需要调整房子的设计一样。由此可见，GN 是一个帮助管理项目构建过程的工具，它生成构建配置、指导构建系统如何构建项目，就像设计图纸指导建筑师如何建造房子一样。

明白了 Ninja 和 GN 的概念之后，就可以运行 GN 命令来生成 Chromium 的蓝图了。

首先进入 Chromium 的 src 目录，在该目录下新建一个名为 out 的文件夹，这里会存放编译后的 Chromium 浏览器。

接着，在 src 目录下打开 CMD 命令行，输入以下命令来进行 GN 参数的构建：

```
>gn args out/debug
```

按回车键后，当前窗口中会弹出一个 TXT 编辑器，这个文件的内容就是 GN 代码，因此根据常规的 GN 语法设置变量即可，对于布尔值使用 true 或者 false，对于字符串值使用双引号，对于注释使用♯。当关闭这个编辑器的时候，系统将会在指定的 debug 目录下进行参数构建。

以下是一些常用的构建参数：

（1）is_debug=false：将构建模式设置为发布模式，关闭调试选项。

（2）dcheck_always_on=true：启用 DCHECK 断言，以捕获潜在的错误。

（3）is_component_build=true：启用组件构建，将部分 Chrome 链接到单独的共享库中，以避免最后的长链接步骤。

（4）symbol_level=0：设置符号级别为 0，以加快构建速度，同时减少调试信息。

（5）enable_nacl=false：禁用 NativeClient，加快构建速度。

（6）blink_symbol_level=0：将 WebCore 符号级别设置为 0，以减少调试符号。

（7）v8_symbol_level=0：将 v8 符号级别设置为 0，以减少调试符号。

（8）target_cpu="x86"：将目标 CPU 架构设置为 x86。

（9）is_official_build=true：启用官方构建模式。

（10）is_chrome_branded=true：启用 Chrome 品牌。

（11）target_cpu="x86"：对于 32 位官方构建，将目标 CPU 架构设置为 x86。

（12）proprietary_codecs=true：启用专有的音视频编解码器支持。启用后，Chromium 将能够解码和播放一些专有格式的音视频文件，如 H.264 等。

（13）ffmpeg_branding="Chrome"：指定 FFmpeg 的品牌标识。FFmpeg 是一个开源的多媒体框架，用于处理音频和视频数据。通过设置品牌标识为 Chrome，系统将使用与 Chrome 浏览器相同的 FFmpeg 配置和特性，以确保一致性和稳定性。

本节编译的 Chromium 浏览器是在 Visual Studio 2022 中进行调试的，以便进一步进行指纹浏览器的开发，因此选择以下参数作为 GN 的构建参数：

```
is_debug=true
enable_nacl=false
is_component_build=true
proprietary_codecs=true
ffmpeg_branding="Chrome"
```

在编辑器中输入上述参数后，关闭编辑器，会自动进入 GN 参数生成阶段。参数生成完毕之后，就可以生成 Visual Studio 2022 可用的解决方案了。在 CMD 中输入以下命令：

```
>gn gen --ide=vs
--ninja-executable=C:\chromium119\src\third_party\ninja\ninja.exe
--winsdk="10.0.22621.2428" --filters=//chrome --no-deps out/debug
```

下面逐个解释其中的参数。

（1）--ide=vs：指定生成 Visual Studio 项目文件（.sln 和 .vcxproj）。

（2）--ninja-executable=C:\chromium119\src\third_party\ninja\ninja.exe：指定使用的 Ninja 可执行文件的路径。在这个命令中，指定了 Ninja 的路径为 C:\chromium119\src\third_party\ninja\ninja.exe。

（3）--winsdk="10.0.22621.2428"：指定要使用的 Windows SDK 版本。在这个命令中，指定了 Windows SDK 的版本为 10.0.22621.2428。

（4）--filters=//chrome：指定要生成的项目文件的源代码文件的过滤条件。在这个命令中，只生成与 Chrome 相关的项目文件。

（5）--no-deps：指定不包含依赖项。这意味着生成的项目文件不会包含依赖项的信息，只包含与指定过滤条件匹配的源代码文件。

这个命令的作用是根据指定的参数生成 Visual Studio 项目文件，用于在 Visual Studio 中进行 Chromium 的开发和调试，并将生成的项目文件保存在 out/debug 目录中。如果不对生成的项目文件进行过滤，生成的解决方案将包含数千个项目，加载速度非常慢，因此使用 filters 参数来限制仅生成 Chrome 项目文件。

在解决方案生成完毕之后，打开 out/debug 目录，可以看到目录下存在着名为 all.sln 的文件，这就是 Chromium 可用于 Visual Studio 的解决方案，双击后即可自动在 Visual Studio 中打开。如图 1-25 所示，单击"本地 Windows 调试器"选项，即可开始编译流程。

图 1-25 "本地 Windows 调试器"选项

浏览器的编译需要处理数万个文件，因此需要耗费较长时间。编译完毕之后，系统会自动打开编译成功的 Chromium 浏览器，也可以到 out\debug 目录下查找 chrome.exe 可执行文件，编译成功后的浏览器如图 1-26 所示。

如果不想在 Visual Studio 中进行浏览器的编译，也可以在命令行中输入以下命令进行编译：

```
>autoninja -C out/debug chrome -j 32
```

autoninja 是 Ninja 构建系统的一个封装，可以自动检测构建目录中哪些目标需要重新构建，从而减少不必要的重建操作，提高构建效率。chrome 用于指定构建 Chromium

图 1-26　编译成功后的浏览器

浏览器，构建系统会根据这个目标及其依赖关系，来编译、链接并最终生成可执行文件。最后的 -j 表示使用 32 个线程来进行构建操作，并行构建可以更有效地利用多核处理器，加快构建过程。

1.4.2　编译发布版本

调试版本编译出来的 Chromium 浏览器的运行速度是非常缓慢的，其中存在大量的调试符号。如果要编译发布版本，只需要更改 is_debug 参数。另外，如果不在 GN 构建参数时指定 Google API 密钥，则会导致 Chromium 的部分功能无法使用，因此推荐在发布版中设置此类参数。

本书编译发布版本时使用的 GN 构建参数如下所示：

```
is_debug=false
enable_nacl=false
target_cpu="x86"
is_component_build=false
proprietary_codecs=true
ffmpeg_branding="Chrome"
is_official_build=true
google_api_key="xxx"
google_default_client_id="xxx"
google_default_client_secret="xxx"
```

申请 Google API 的网址见附录 A。首先单击左侧菜单中的 APIs & Services 菜单项，接着在弹出的菜单中单击 Credentials 菜单项，如图 1-27 所示。

之后在当前页面中单击 CREATE CREDENTIALS 链接创建凭证，类型为 API 密钥，这里生成的字符就是 google_api_key 所需要的值。继续创建凭证，类型为 OAuth

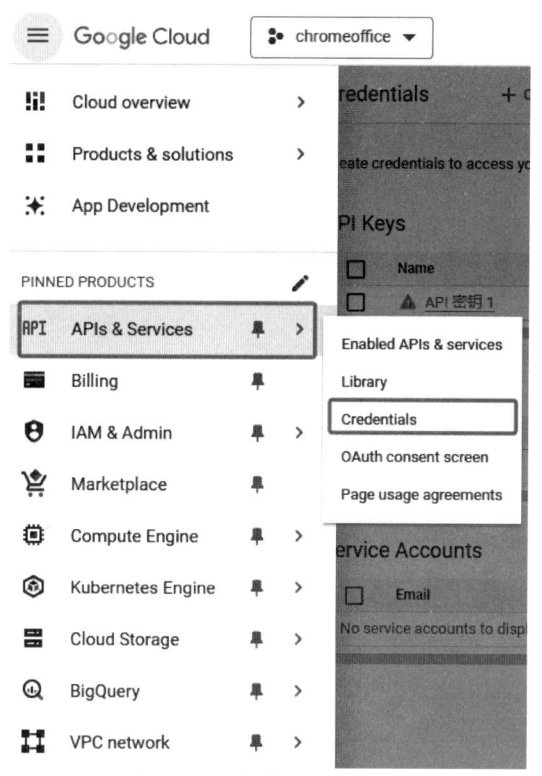

图 1-27 申请 Google API

client ID,应用类型选择 Desktop app,其中生成的客户端 ID 为 google_default_client_id 的值,生成的客户端密钥为 google_default_client_secret 需要的值。

使用上述参数编译出来的 Chromium 浏览器就是发布版本,运行速度和正常 Chrome 浏览器并无差异。如果要把编译出来的浏览器当作安装包发布给其他人使用,那么在编译可执行文件时,可以在命令行输入以下命令:

```
>autoninja -C out/release mini_installer
```

这时,系统就会在 out/release 目录下生成 mini_installer 可执行文件,该文件运行后会自动安装发布版的 chrome.exe。

1.4.3 可能的编译错误

在编译 119 版本 Chromium 浏览器的过程中可能会出现以下错误:

```
src\mojo\public\tools\bindings\generators\mojom_ts_generator.py",
  in _GetJsModuleImports
    os.path.relpath(
  File "<frozen ntpath>", line 766, in relpath
ValueError: path is on mount '\\\\tab_group_types.mojom-webui.js', start on
mount 'd:'
...
```

要修复该错误,需要到 Chromium 的以下文件中进行修改:

```
src\mojo\public\tools\bindings\generators\mojom_ts_generator.py
```

修改内容如下所示:

```
path = module.metadata.get('webui_module_path')
#添加代码
if path == '':
  path = '/'
if path is None or path == '/':
  return path
```

保存文件,继续进行 Chromium 浏览器编译即可。

1.5 本章小结

工欲善其事必先利其器。本章详细介绍了如何使用 VMware 虚拟机来构建能够进行浏览器源码拉取和编译的开发环境,并且使用 Visual Studio 2022 对 Chromium 源码进行了编译,相信读者能够根据本章内容构建出稳定的开发环境,并编译出可用的 Chromium 浏览器,后续的内容将在本章的基础上进行进一步讲解。

第 2 章 Chromium 浏览器基础

想要开发 Chromium 指纹浏览器就需要对 Chromium 浏览器的架构有一个基本的了解。本章将会对其整体结构、模块组成、各个模块的功能和相互关系等进行讲解，以期让读者了解 Chromium 浏览器的架构，方便后续的指纹浏览器的开发。

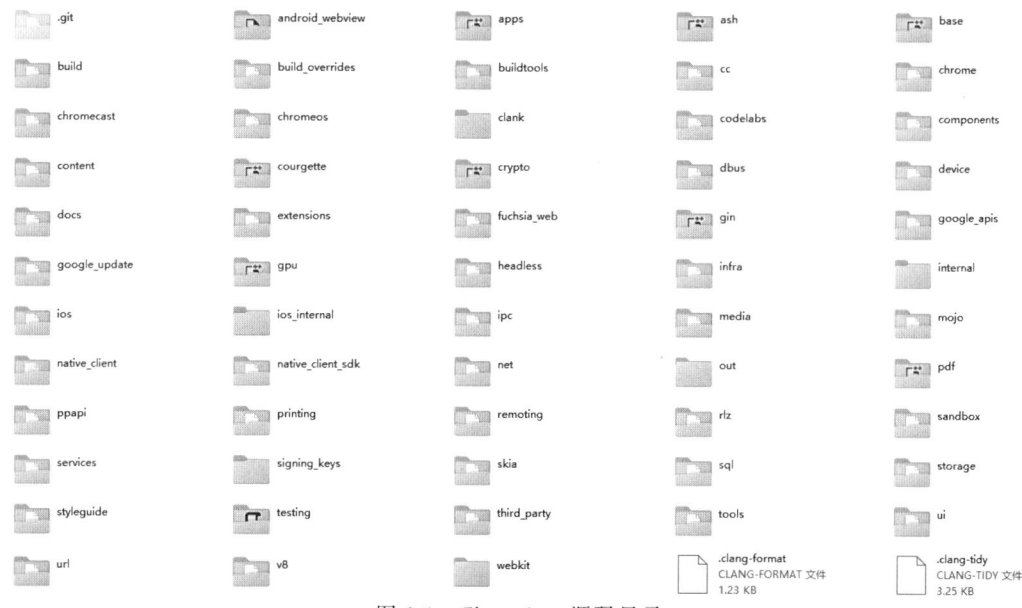

2.1 Chromium 源码目录详解

在第 1 章中拉取出的 Chromium 源码非常庞大，需要对每个模块都有一定的了解才能在后续的开发中快速定位到要修改的源码位置。Chromium 源码的整体结构就像一座城市，每个目录就像一条街道，每个文件就像街道上的房子，了解 Chromium 源码的目录结构可以帮助开发者快速熟悉 Chromium 这座城市，进而能够轻松地定位想要阅读的文件。

打开第 1 章拉取的 Chromium 中的 src 目录，可以看到很多文件夹，如图 2-1 所示。接下来，笔者将详细介绍每个文件夹所做的事，确保读者在今后的浏览器开发过程中，能够快速定位需要修改的文件目录。这会让读者受益良多，并对这个目录结构有完善的了解。

图 2-1 Chromium 源码目录

Chromium 目录下的.git 目录是版本控制系统的核心部分，它记录了整个项目的历史和状态。这个目录包含了所有的提交记录、项目分支、标签等信息，还保存了项目的配置和开发者之间协作的相关数据。通过.git 目录可以跟踪代码的变更、在不同版本之间切换及查看代码历史。

android_webview 目录主要用于提供一个在 Android 平台上集成 Chromium 内核的方案。它就像一个精巧的连接器，把 Chromium 内核与 Android 平台紧密地绑定在一起。可以把它想象成一座小桥，它让 Chromium 内核能够在 Android 应用中发挥作用。android_webview 目录中的代码会提供一些接口和功能，让 Android 应用程序能够轻松地调用 Chromium 内核来加载和显示网页内容，就像在浏览器中一样。这样一来，开发者就可以把 Chromium 内核嵌入他们的应用中，从而能够利用 Chromium 内核的强大功能，如浏览网页、运行 JavaScript 等，而不用自己从零开始搭建一个浏览器。

apps 目录主要是用来存放 Chrome 打包应用的，这些应用程序可以从 Chrome 应用商店中获取。这些应用是一些独立的、可在 Chrome 浏览器内部运行的应用程序，它们一般是用 HTML、CSS 和 JavaScript 开发的，并且能够利用 Chrome 浏览器提供的一些特性和 API。可以把这些 Chrome 打包应用想象成一些独立的小程序，它们可以在 Chrome 浏览器内部直接运行，而无须打开额外的窗口或标签页。用户可以通过浏览器来使用它们，而不必离开浏览器去安装其他应用或打开其他网站。

ash 目录承担着管理 Chrome OS 桌面环境的任务。可以这样理解，ash 是 Chrome OS 的 shell，它负责管理整个操作系统的用户界面，包括任务栏、窗口管理、系统托盘及其他与用户交互的界面元素。这个目录包含了一系列的代码文件，这些文件定义了 Chrome OS 桌面环境的各种组件和功能。例如，在 ash/wm 中可以找到与任务栏的窗口管理器相关的代码，用于管理应用程序窗口的布局和显示。此外，ash 目录也包含了其他与 Chrome OS 用户界面相关的功能，如通知中心、锁屏界面等。可以认为它是 Chrome OS 中负责管理桌面环境的核心组件，它定义了 Chrome OS 操作系统的外观和交互方式，确保用户能够方便地使用。

base 目录是极其重要的，因为它包含了许多与平台无关的通用功能，这些功能可被许多其他部分的代码使用。后续的命令行传参所使用的 CommandLine 和 JSON 库就来自 base 目录。base 目录主要有 4 类功能，具体如下。

（1）通用功能：base 目录中的代码提供了许多通用功能，如字符串处理、内存管理、线程控制、文件操作等。这些功能可以帮助开发者更轻松地编写跨平台的代码，而不必担心底层平台的差异性。

（2）工具类：base 目录还包含了许多实用的工具类，如时间处理、随机数生成、命令行解析等。这些工具类可以帮助开发者简化代码编写，提高开发效率。

（3）数据结构：在 base 目录中，还会找到许多常用的数据结构，如哈希表、链表、队列等。这些数据结构提供了高效的算法和数据处理功能，使开发者能够更轻松地处理各种数据。

（4）错误处理：base 目录中的代码还包含了许多与错误处理相关的功能，如日志记录、异常处理、断言等。这些功能可以帮助开发者更好地调试和排查代码中的问题。

至于 build、build_overrides 和 buildtools，这 3 个目录相互联系，build 目录是定义浏览器项目的主要构建规则和选项的地方，build_overrides 目录用于对这些规则和选项进行定制化，而 buildtools 目录则是存放用于自动化构建过程的工具和脚本的地方。这 3 个目录共同构成了 Chromium 项目的构建基础设施。

build 目录是用来存放与构建 Chromium 项目相关的配置和脚本的地方，它就像一个控制中心，负责管理整个项目的构建过程。在 build 目录下，可以找到各种用于配置和控制构建过程的文件，如构建脚本、构建配置文件等。这些文件会告诉编译系统如何编译源代码，包括选择编译器、设置编译选项、指定构建目标等。另外，build 目录也包含了一些用于管理构建过程的工具和脚本，如 Ninja 构建系统的相关文件。因此，build 目录就是用来存放构建 Chromium 项目所需的各种配置和脚本的地方，它负责管理整个项目的构建过程，确保源代码能够顺利地被编译成可执行文件。

build_overrides 目录的作用就像一个特殊定制的"调料包"。在 Chromium 源码中，build_overrides 目录包含了一些特殊的配置和定制文件，它们用于覆盖或修改顶层 build 目录中默认的构建设置。这些文件允许对 Chromium 的构建过程进行特殊的定制和调整，使得开发者可以根据自己的需求进行个性化的设置。例如，可能需要在默认的构建设置上进行一些额外的配置或修改，以适应特定的环境或需求。这些配置可能涉及编译选项、构建工具的设置、特定平台的适配等。而 build_overrides 目录中的文件就是为了满足这些特殊需求而设计的。因此，可以把 build_overrides 目录想象成一个专门为构建过程添加"调料包"的地方，可以在这里进行各种特殊的设置，以获得想要的构建结果。

buildtools 目录主要用来存放一些构建工具和辅助脚本的地方。在这个目录下，能够找到一些用于编译、构建和管理 Chromium 项目的工具和脚本。开发者可能会在这个目录下找到一些与构建相关的脚本，以用来自动化编译和构建 Chromium 项目。这些脚本可以帮助执行一些常见的构建任务，如生成项目文件、编译源代码、打包可执行文件等。此外，buildtools 目录还可能包含一些用于代码格式化、代码静态分析、依赖管理等方面的工具和脚本。这些工具可以帮助开发者保持代码的整洁和高质量，提高项目的可维护性和稳定性。

cc 目录主要用来实现 Chromium 的组合器（compositor）功能的。听起来很复杂，但其实就是负责浏览器窗口的显示和管理部分。当在浏览器中打开一个网页时，这个网页的内容需要被渲染到屏幕上，而且还可能同时打开多个标签页，每个标签页都需要在屏幕上显示出来。cc 目录下的代码就是负责处理这些显示的工作的。cc 目录会管理浏览器窗口的显示，包括创建、管理和绘制浏览器的各部分，如地址栏、标签栏、网页内容等。它会将这些内容合成到屏幕上，并负责处理用户的输入事件。

chrome 目录是 Chromium 源码中非常重要的一部分，它包含了 Chromium 浏览器的核心代码，负责构建和管理 Chromium 浏览器的各种功能和特性。在 chrome 目录中，可以找到许多与 Chromium 浏览器相关的重要组件和模块，如浏览器窗口、标签页管理、书签、历史记录、扩展程序支持等。这些都是构成 Chromium 浏览器的核心功能的一部分。此外，chrome 目录还包含许多与用户界面相关的代码，如浏览器的菜单、工具栏、设置页面等。

chromecast 目录主要是为了支持 chromecast 这个设备的功能。chromecast 比较小众,它可以将手机、平板电脑或计算机上的视频、音乐和应用内容传输到电视上。

chromeos 目录主要是用于 Chrome OS 操作系统的。Chrome OS 是由 Google 开发的基于 Linux 内核的操作系统,专门用于轻便的笔记本电脑、平板电脑和其他移动设备。这个目录里的代码主要是为了支持 Chrome OS 平台上的 Chromium 浏览器。

clank 目录是一个实验性的项目,旨在将 Chromium 的核心功能移植到 Android 平台上,并提供一种全新的浏览器体验。clank 是 Chromium 在 Android 平台上的一种定制版本,它可以提供更加优化和适配的浏览器体验,以满足 Android 用户的需求。

codelabs 目录包含一些针对 Chromium 开发者的实用教程和实验性项目。这些教程通常以实验性质为主,旨在帮助开发者更好地理解 Chromium 的各种功能和内部工作原理。例如,可以在这里找到一些关于如何使用 Chromium API 的教程,或者是一些关于特定功能实现的指南。这些教程通常包含了详细的说明、示例代码和实践任务,读者可以一边学习一边实践,从而加深对 Chromium 的理解。推荐读者认真学习该目录下的内容,这些文件大多简单易懂。

components 目录中装着一些独立的组件,这些组件可以独立存在,也可以作为更大系统的一部分。在 components 目录下,会发现一些功能性的组件,如网络请求、存储监督、登录管理等。这些组件可以被整合到 Chromium 浏览器中,也可以被其他项目单独使用。因此,components 目录就像一个功能大杂烩,里面装着许多小工具,用户可以根据需要单独取用,也可以一起组合成一个更强大的系统。

content 目录承担着构建一个多进程沙盒浏览器所需的核心功能,它负责管理浏览器的核心功能,包括网络请求、页面渲染、插件管理等。Chromium 浏览器采用了多进程架构,每个标签页都在单独的进程中运行,这有助于提高浏览器的稳定性和安全性。content 目录中的代码负责管理这些进程的创建、销毁和通信。

courgette 目录在 Chromium 源码中是用来做一些文件压缩和 diff 差分操作的。例如,有一个很大的文件,但是你只想传输文件中的一小部分,那么可以使用差分技术。差分就是找出文件的变化部分,然后只传输这些变化,而不是整个文件。这样可以节省带宽和时间。courgette 目录中的代码就是用来实现这个功能的,它会对文件进行压缩和差分操作,以便在网络上传输时能够更高效地传输数据。这在更新浏览器或者应用程序时特别有用,因为只需要传输文件的变化部分,而不必重新传输整个文件。courgette 目录中的代码可以让 Chromium 浏览器在更新时更加高效,可以节省带宽和时间,让用户能够更快地获取到最新的浏览器版本。

crypto 目录主要是用来处理加密相关的操作的。在网络世界中,经常需要对数据进行加密,以确保它们在传输过程中不被窃取或篡改。crypto 目录下的代码提供了一些加密算法和工具,帮助 Chromium 浏览器实现数据的加密和解密。例如,当在浏览器中访问一个在线购物网站时,网站会使用加密技术来保护登录信息、交易数据等敏感信息。而 Chromium 浏览器就需要借助 crypto 目录下的代码来实现这些加密功能。

dbus 目录是用来做进程间通信(Inter-processCommunication,IPC)的。IPC 在软件开发中很重要,特别是当软件需要在多个进程之间通信时。dbus 就是一种在 Linux 系统上广泛使用的 IPC 机制,它能让不同的进程相互发送消息,以实现数据交换和通信。在 Chromium 源码中,dbus 目录就是为了实现这种进程间通信机制而存在的。它包含了一些代码和工具,用来支持 Chromium 浏览器中不同进程之间的通信。例如,当浏览器需要与渲染进程或者其他子进程进行通信时,就会使用 dbus 目录中的相关功能来实现。

device 目录主要用来提供跨平台的硬件接口,以帮助 Chromium 在不同的设备上运行和交互。如果有很多不同类型的设备,如智能手机、平板电脑、笔记本电脑等,这些设备在硬件结构和操作系统上都有所不同。Chromium 要在这些设备上正常运行,就需要有一个通用的硬件接口来统一管理这些设备的硬件资源,如摄像头、麦克风、传感器等。device 目录里面的代码就是为了提供这样一个通用的硬件接口,让 Chromium 能够在各种不同的设备上正常运行和使用硬件资源。它会封装操作系统提供的底层硬件接口,如 Android、Windows、iOS 等,让 Chromium 的其他部分能够通过这个接口来访问和控制硬件设备。

docs 目录就是 Chromium 项目的说明书,里面存放着各种文档和说明,可帮助开发者更好地理解和使用 Chromium 源码。这些文档包括了项目的设计、架构、代码规范、使用方法等,是帮助开发者理解和使用 Chromium 源码的重要资源。在 docs 目录里,可以找到各种各样的文档,如开发指南、API 文档、技术规范、代码注释等。这些文档可以帮助开发者了解 Chromium 项目的整体架构和设计理念,掌握项目中各个模块的功能和用法,还可以指导开发者在开发过程中遵循项目的最佳实践和规范。

extensions 目录主要用来管理 Chromium 浏览器的扩展程序。在浏览器上安装的那些能够增强浏览器功能的小程序,它们的源代码通常就放在这个目录下。

fuchsia_web 目录是专门为 Fuchsia 操作系统开发的。Fuchsia 是 Google 开发的一种新型操作系统,它的设计目标是能够运行在各种设备上,无论是智能手机还是智能家居设备。而 fuchsia_web 目录则是为了在 Fuchsia 上运行 Chromium 内核而专门创建的。如果开发者对 Fuchsia 操作系统感兴趣,想要在上面体验 Chromium 浏览器,那么 fuchsia_web 目录就是所需要关注的。

gin 目录主要负责处理浏览器的输入事件。可以把它想象成一个大管家,先接收来自用户的各种操作,如单击、滚动、键盘输入等,然后将这些操作传递给浏览器内核进行处理。

google_apis 目录主要用来处理 Chromium 与 Google 服务之间的通信和交互。可以把它想象成一座桥梁,连接了 Chromium 浏览器和各种 Google 的服务,如 Gmail、GoogleDrive、GoogleMaps 等。其中包含了一些 Google 服务的 API 和功能实现,这些 API 允许 Chromium 浏览器与 Google 服务进行通信,如发送请求、接收数据、验证用户身份等。举个例子,当在 Chromium 浏览器中登录 Google 账号后,浏览器就会使用 google_apis 目录中的代码来与 Google 服务器进行通信,验证身份并获取个人信息。

google_update 目录是用来处理 Chromium 浏览器更新的相关事务的,就好像手机上的应用会不时地需要更新一样,Chromium 浏览器也需要定期进行更新以确保安全性和性能。

gpu 目录的存在是为了让 Chromium 浏览器能够更好地利用计算机的图形硬件资

源，从而提高浏览器的性能和用户体验。它包含了一些与图形相关的核心功能，确保浏览器能够顺畅地显示网页内容和处理图形效果。

headless 目录是为了实现 Chromium 的无头模式而创建的。它提供了一种在没有图形界面的情况下运行 Chromium 内核的方式，并且可以通过命令行或者 API 进行控制和使用。这种模式通常被用于自动化测试、网页截图生成、网络爬虫等场景，这是因为它能够在后台高效地处理大量的网页内容，而无须显示界面。

infra 目录包含了一系列用于构建、测试、部署和监控的工具和脚本。这些工具和脚本帮助开发者自动化各种开发流程，从而提高开发效率和代码质量。其中包含一些测试框架和工具，它们用于自动化测试代码的功能和性能。另外，infra 目录还包含一些部署和监控工具，用于帮助开发者更好地管理和监控项目的运行状态。

internal 目录主要用于存放一些内部实现细节和私有的代码，里面存放着一些不希望对外公开的代码和功能。在这个目录下，开发者会放一些只在 Chromium 内部使用的代码，如一些内部工具、调试工具或者一些不希望对外公开的实验性功能。这些代码通常不会被外部开发者使用，而是供 Chromium 开发团队内部使用，用来优化、调试和改进浏览器。

ios 目录就是专门为了支持在 iOS 平台上运行 Chromium 浏览器而设置的。在这个目录里，可以找到一些与 iOS 平台相关的代码和资源，从而用来构建和适配 Chromium 浏览器在 iOS 上的运行环境。

ios_internal 目录主要用于在 iOS 平台上实现 Chromium 内核的一些内部功能和逻辑。iOS 平台上的开发相对于 Android 平台有一些特殊的需求和限制，因此需要一个专门的目录来处理这些问题。在 ios_internal 目录中，可以找到一些针对 iOS 平台的特定代码和功能实现，这些代码可能涉及与 iOS 平台相关的各种操作，如界面交互、系统调用、性能优化等。此外，ios_internal 目录也可能包含一些 iOS 平台上的特定配置文件或者资源文件，用于确保 Chromium 内核在 iOS 上的正常运行。

ipc 目录主要是负责处理 Chromium 内核中的进程间通信的部分。IPC 是指不同进程之间进行数据交换和通信的机制。Chromium 浏览器是由多个进程组成的，如浏览器进程、渲染进程、插件进程等。这些进程之间需要进行信息交换和通信，如传输网页数据、接收用户输入、处理渲染任务等。IPC 目录中的代码就是专门负责处理这些进程间通信的，它提供了一些接口和方法，让不同进程之间能够方便地传输数据和进行通信。具体来说，IPC 目录中的代码会实现一些 IPC 通道和消息传递的机制，包括进程间消息的序列化、传输和解析，以及一些进程间通信的协议和规范。这样一来，Chromium 内核中的各个进程就可以通过 IPC 机制来进行数据交换和通信，从而完成各种任务和功能。

可以发现，ipc 目录和之前的 dbus 目录有一些功能重复的地方，但它们服务于不同的目的并解决不同的问题。ipc 目录更加通用，服务于 Chromium 内核中的所有进程间通信需求，而 dbus 目录则专注于 Linux 平台上的一种特定的 IPC 机制，适用于 Linux 操作系统中的进程间通信场景。

media 目录主要负责处理音频和视频相关的功能。在网上观看视频或者听音乐时，浏览器如何加载、播放和处理这些媒体内容就是 media 目录的工作范围。在这个目录下，会找到一些用来处理媒体文件的代码，包括音频和视频的解码、编码、播放、录制等功能。Chromium 浏览器的媒体功能非常强大，可以支持多种格式的音视频文件，并提供了丰富的 API 和功能来处理这些媒体内容。例如，当在网页上单击一个视频链接时，Chromium 浏览器就会调用 media 目录下的代码来加载并播放这个视频。同时，它还会处理视频的解码、渲染及与浏览器界面的交互等操作，以确保能够流畅地观看视频。

mojo 是 Chromium 内核的通信管道。它主要用于处理 Chromium 内核中不同组件之间的通信和协作。可以把 mojo 想象成一种交流方式，就像人们通过电话或者电子邮件来沟通一样。在 Chromium 内核中，不同的部分需要相互交流，如浏览器进程和渲染进程之间，或者浏览器和网络模块之间。mojo 就提供了一套方便、高效的机制，让这些组件之间能够顺畅地进行通信。mojo 目录包含了一些用于定义消息传递接口和实现通信逻辑的代码。它提供了一种跨进程、跨平台的通信方案，让不同组件之间能够安全地传输数据和调用函数。这样一来，就能够实现 Chromium 内核中的复杂功能，如跨进程的渲染和浏览器插件等。

mojo 和 IPC 看起来功能似乎重复了，但是二者实际上是不一样的。虽然两者都涉及进程间通信，但 ipc 目录更多的是基于传统的进程间通信技术，而 mojo 则更注重提供一种更加现代化、高性能的通信机制，它基于一种名为 Mojo 的新型消息传递框架，使用更加轻量级的消息格式和更加灵活的通信模式，能够更好地满足内核的需求。

native_client 目录的作用就像是给 Chromium 浏览器穿了一件护甲，保护它免受恶意代码的侵害。native_client 是一个安全的沙盒环境，它允许在浏览器中运行本地机器码，同时确保这些代码不会对系统造成危害。这意味着，即使网页中包含了一些使用本地机器码编写的程序，也不会因此导致浏览器或计算机系统受到攻击。

native_client_sdk 目录主要用于支持 NativeClient 技术的开发和集成。NaCl 是一种让浏览器能够运行本地编译的原生代码的技术，可以让用 C、C++ 等编程语言编写的程序在浏览器中运行。该目录包含了一些工具、库和文档，可帮助开发者在 Chromium 浏览器中使用 NaCl 技术开发应用程序。这些工具和库可以让开发者将自己编写的原生代码编译成能够在浏览器中运行的 NaCl 模块，并提供了一些接口和功能，让开发者能够与浏览器进行交互。

net 目录主要负责处理网络相关的功能和任务。换句话说，它负责浏览器与网络通信。在 net 目录中，可以找到很多网络方面的代码，如处理 HTTP 请求、管理连接、处理安全性等。它包含了一系列网络协议的实现，如 HTTP、HTTPS 和 WebSocket 等，还包括一些网络安全方面的功能，如证书验证、安全连接等。

out 目录是空的，其中没有任何文件。pdf 目录负责让 Chromium 浏览器能够支持 PDF 文件的加载和显示，它提供了一些必要的功能和接口，让用户能够在浏览器中方便地打开和浏览 PDF 文件。

ppapi 目录主要用于支持浏览器插件的开发和集成。这个目录包含了与 Pepper 插件相关的代码和功能。Pepper 插件是一种可以在浏览器中运行的特殊类型的插件，它们能够提供丰富的功能，如多媒体播放、图形渲染、游戏等。而 PPAPI 就是一套用来和这些 Pepper 插件进行交互的接口和规范。在 ppapi 目录中，可以找到一些与 Pepper 插件相关的头文件和代码实现,以及一些示例和文档,它们可以帮助开发者理解和使用 ppapi 来开发自己的 Pepper 插件。

printing 目录就是 Chromium 浏览器中负责处理打印相关功能的地方,它提供了一些必要的接口和功能,让浏览器能够顺利地与打印设备进行通信和交互,实现网页内容的打印功能。

remoting 目录主要是用来实现 Chromium 浏览器中的远程桌面功能的。可以把它想象成一种在浏览器中远程控制其他设备桌面的技术。这个功能有时也叫作"远程桌面协议",它让用户可以通过浏览器访问和控制其他设备的桌面,就像坐在那个设备前面一样。这对于远程协作、远程教育、远程技术支持等场景非常有用。

rlz 目录是用来处理 Chromium 浏览器中的 RLZ 跟踪标识的。安装来源(Referral,Language,and Zeitgeist,RLZ)是 Google 使用的一种跟踪机制,用于追踪用户是如何找到并安装 Chrome 浏览器的。这个目录中的代码主要负责处理 RLZ 标识的生成和传递,以及与 Google 的 RLZ 服务器进行通信。当安装 Chrome 浏览器时,会生成一个 RLZ 标识,其中包含一些信息,如来源网站、语言和地区等。然后,当启动 Chrome 浏览器时,这个 RLZ 标识会被发送到 Google 的服务器,用于统计、分析用户的安装来源和偏好。

sandbox 目录就像 Chromium 的一道安全防线,它的作用就是保护计算机不受到恶意攻击。当使用浏览器浏览网页时,有些网页可能会包含恶意代码,这些代码可能会试图攻击计算机,窃取个人信息或者破坏系统。为了防止这种情况发生,Chromium 引入了 sandbox 目录。这个目录里的代码会创建一个安全的环境,把浏览器里运行的代码与系统隔离开,就像是在一个"沙盒"里一样,即使有恶意代码在浏览器里运行,也无法对系统造成伤害。

services 目录包含了一些核心的服务模块,这些服务模块负责处理 Chromium 浏览器中的一些基础功能和后台任务。例如,services 目录可能包含了网络服务模块,负责处理浏览器与网络通信相关的功能,如发起 HTTP 请求、接收响应等。总之,services 目录中的模块通常都是一些在后台默默运行、处理一些基础功能的服务,它们不会直接和用户进行交互,却是 Chromium 浏览器正常运行所必需的。因此,可以把 services 目录想象成 Chromium 浏览器的"后勤部队",负责保障浏览器的基础功能运行顺畅。

signing_keys 目录存放了一些用于签名的密钥和证书。这些密钥和证书在编译和构建 Chromium 浏览器时被使用,用来给生成的软件加上数字签名,以确保软件的完整性和安全性。因此,当编译 Chromium 浏览器时,编译系统会使用 signing_keys 目录下的密钥和证书来给生成的软件进行数字签名,以确保软件的安全可靠。这样一来,用户就能够放心地使用已编译的 Chromium 浏览器,不用担心软件被篡改或者植入了恶意代码。

skia 目录很有用。在这里可以找到 Google 开发的 Skia 图形库的源代码。Skia 是一个用 C++ 编写的 2D 图形库,它提供了丰富的绘图功能,可以用来绘制各种各样的图形,如直线、矩形、圆形等。Skia 就像 Chromium 内核的画笔,它负责处理所有的绘图任务。无论是在浏览器界面上显示网页内容,还是在网页中绘制各种图形,都离不开 Skia 的支持。

sql 目录主要用于处理数据库相关的事务。如果想要在 Chromium 浏览器中保存一些数据，如书签或者浏览历史，那么就会用到 sql 目录中的一些功能。这个目录中的代码会负责处理数据的存储、检索、更新和删除等操作，保证了 Chromium 浏览器可以高效地管理和操作数据。

storage 目录在 Chromium 源码中的作用类似于一个数据存储和管理中心。它负责处理浏览器中的数据存储相关的操作。例如，当在浏览器中访问网页时，浏览器会自动下载和存储一些数据，如图片、网页内容等。这些数据就会被存储在 storage 目录下的相应子目录中。此外，storage 目录还负责处理浏览器的数据缓存和清理等任务，确保浏览器在运行时能够高效地管理和利用存储资源。

styleguide 目录就像一个指南，里面包含了关于代码风格和规范的指导方针。可以把它想象成一个"编码规范手册"，里面列举了一些编码时应该遵循的规则和最佳实践。在这个目录里，会找到一些文件，如代码风格指南、命名约定、注释规范等。这些规范可以帮助开发者写出更加清晰、易读、易维护的代码，提高团队协作的效率，并且有助于保持整个项目的一致性。

testing 目录是用来存放测试相关的代码和资源的。在软件开发中，测试可以帮助开发者验证代码的正确性、稳定性和性能。在 Chromium 源码中，testing 目录就承担了这样的任务。这个目录里包含了 Google 开源的 GTest 测试框架，它专门用于编写单元测试。单元测试是针对代码中的小单元进行的测试，用来确保这些小单元的功能和逻辑是正确的。通过编写单元测试，开发者可以快速地发现代码中的问题，并且在修改代码后验证修改是否正确，从而保证代码的质量。

third_party 目录就像是 Chromium 项目的一个"杂货铺"，里面装满了各种各样的来自外部的库、工具和其他项目的代码。想象一下，若在自己家修理电器，有些零件可能家里没有，但可以去杂货铺买到。同样的道理，在 Chromium 项目中，如果需要使用一些外部的库或者工具，如图像解码器、压缩库或 Web 引擎 Blink，开发者都可以在 third_party 目录中找到对应的代码。这样做的好处是，Chromium 项目不必自己重复造轮子，而是可以直接使用这些现成的外部工具和库，节省了大量的开发时间和精力。而且，这些外部代码都经过了严格的审核和测试，它们的质量和稳定性得以保证。

tools 目录是一个装满了各种小工具的工具箱。这些小工具有的用来辅助编译，有的用来帮助调试，还有的用来做其他各种有用的事情。在 tools 目录下，会找到一些小程序和脚本，它们可以用来分析代码、检测错误、优化性能，甚至可以用来自动化一些重复性的任务。例如，有一些工具可能会辅助检查代码中的语法错误，有一些工具可能会自动生成一些模板代码，有一些工具可能会用于收集代码的覆盖率信息，等等。

ui 目录主要负责处理用户界面 UI 相关的功能和逻辑。当在浏览器中单击按钮、输入网址、打开新标签页时，这些操作都涉及用户界面的展示和交互，ui 目录就是负责处理这些任务的。

url 目录主要负责处理 URL 的解析和规范化，把用户输入的网址进行解析和处理，以便 Chromium 浏览器能够正确地加载和显示网页。这个目录的功能虽然看起来简单，却是 Chromium 浏览器正常运行的重要组成部分。因为在用户输入网址时，浏览器需要对这些网址进行正确的解析和处理，才能够准确地找到对应的网页并加载显示出来。

v8 目录是用来存放 V8JavaScript 引擎相关的代码的。它是一个高性能的 JavaScript 引擎，被广泛用于 Chromium 浏览器及其他一些项目中。该目录中存放着 V8 引擎的源代码，包括解释器、编译器、垃圾回收器等各种组件。这些组件的作用就是让 JavaScript 代码在浏览器中能够快速、高效地执行。

webkit 目录主要负责处理网页的渲染工作，也就是把 HTML、CSS 和 JavaScript 转换成显示在浏览器上的图像和交互效果。当在浏览器中打开一个网页时，网页上的各种元素是如何被加载并显示出来的呢？这就是由 webkit 目录下的代码来完成的。它包含了一系列的算法和功能，这些算法用于解析网页内容、计算布局、处理样式、执行 JavaScript，等等，最终将网页内容转换成我们在浏览器中看到的形式。

2.2 Chromium 多进程架构

开发 Chromium 指纹浏览器中很重要的一点就是要将主进程的命令行参数传递到渲染进程中，这就涉及 Chromium 多进程架构，彻底理解本节是开发指纹浏览器的基础。

2.2.1 多进程架构

当使用 Chrome 浏览器时，可能会发现一个标签页崩溃了，但其他标签页还可以正常使用，这就是设计成多进程的好处之一。

假设在一家餐厅吃饭，餐厅里有很多个服务员。每个服务员都负责不同的桌子。如果有一张桌子出了问题，例如，顾客的餐具掉在地上了，其他桌子的服务不会受到影响，因为每张桌子都有自己的服务员。在 Chromium 中也是类似的情况。每个标签页都运行在独立的进程中，如果一个标签页崩溃了，其他标签页和浏览器不会受到影响，这样就提高了浏览器的稳定性和安全性。另外，多进程还能够更好地利用多核处理器的性能，让浏览器运行得更快更流畅。就好像餐厅里有很多个服务员，能够同时为多个桌子提供服务，让就餐过程更快更顺畅一样。Chromium 之所以设计成多进程，是为了提高浏览器的稳定性、安全性和性能，让使用者能够更愉快地上网浏览。

接下来看一张非常经典的描述 Chromium 多进程架构的图片，具体如图 2-2 所示。

Chromium 浏览器有两种主要类型的进程：浏览器（browser）进程和渲染（render）进程。浏览器进程是整个浏览器的主要控制中心，负责管理各种标签页、插件和用户界面。每个标签页在一个独立的渲染进程中运行，用于渲染和显示网页内容。

每个渲染进程就像是一个小办公室，里面有一个"全局管理者"叫作 RenderProcess，负责和总部浏览器进程通话，还负责照顾好全局事务。总部为每个渲染进程都安排了一个"联络者"，叫 RenderProcessHost，负责管理这个进程和总部之间的沟通，还要关照这个进程的状态。而这些通信就靠 Chromium 的 IPC 系统来搞定。

在每个渲染进程里都有一个或多个被 RenderProcess 管理的"员工"，叫作 RenderView，它们负责处理内容标签页的事务。对应地，总部浏览器进程里的 RenderProcessHost 负责 RenderViewHost，就像是管理者和员工一样相互配合。每个员工都有一个独特的员工号，叫作视图 ID，用来区分同一个渲染进程里的不同员工。这个号码在这个渲染进程里是独一无

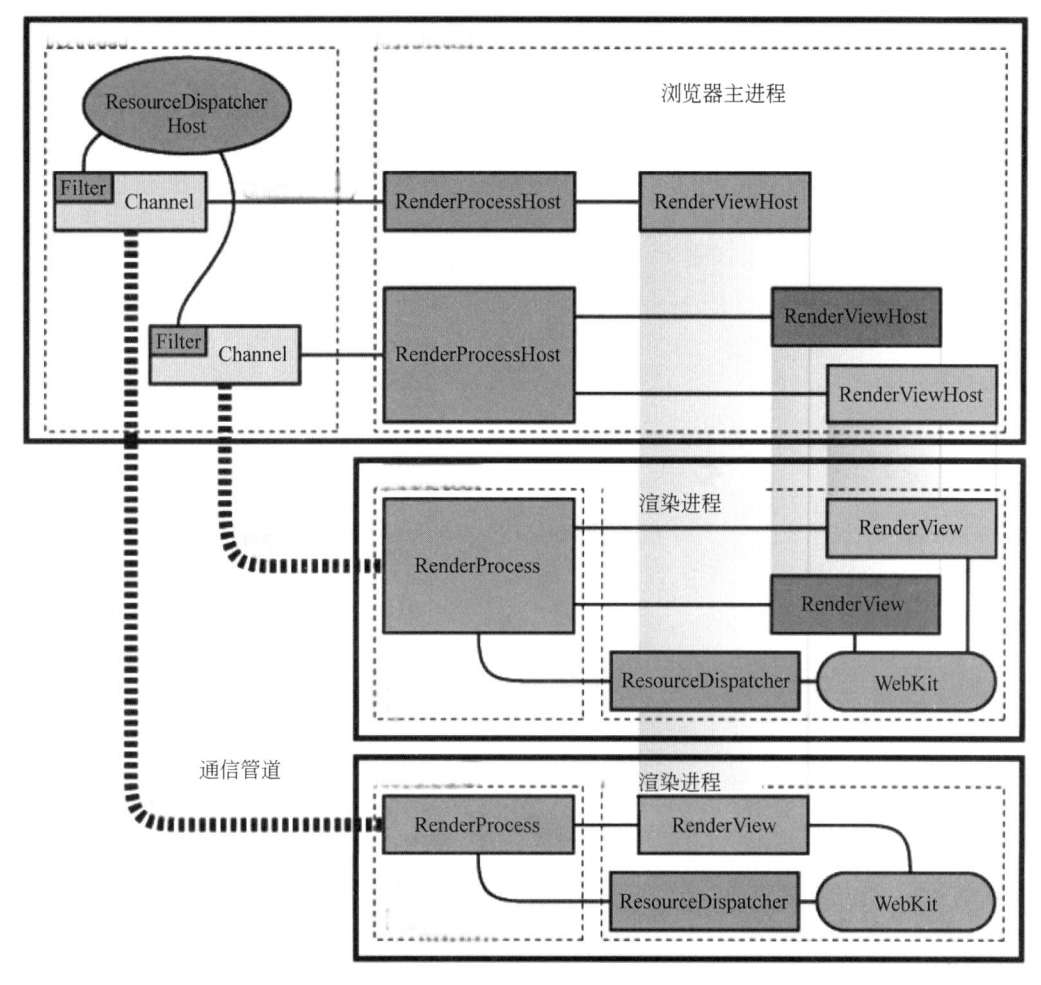

图 2-2 Chromium 多进程架构

二的，但在总部就不是了。要找到一个员工，就需要知道它所在的渲染进程和它的员工号。要和特定的内容标签页通信，就得让 RenderViewHost 来负责，它懂得怎么把消息送到 RenderProcess，再传给具体的 RenderView。

总而言之，RenderProcess 负责和总部的 RenderProcessHost 通信。每个渲染进程只有一个 RenderProcess 对象，专门负责处理和总部的通信。而 RenderView 则负责和总部的 RenderViewHost 通信，还得和内部的 WebKit 层交流。它们代表了网页内容的显示和交互。而在总部浏览器进程中，有一个大管理叫作 Browser，它代表着顶级浏览器窗口。还有一个叫作 RenderProcessHost 的职员，负责管理总部和渲染进程之间的通信，每个渲染进程都有对应的一个。此外，还有 RenderViewHost，它负责和渲染进程员工的通信，还要处理员工的输入和绘制问题。就像整个办公室的交流和运转中心一样。

2.2.2 查看进程模型状态

Chromium 提供了 3 种查看当前进程模型状态的方式。

首先,介绍任务管理器方式。打开任意基于 Chromium 开发的浏览器,如 Chrome 浏览器,右击上方标题栏,在弹出的菜单中单击"任务管理器",即可进入浏览器任务管理器,如图 2-3 所示。

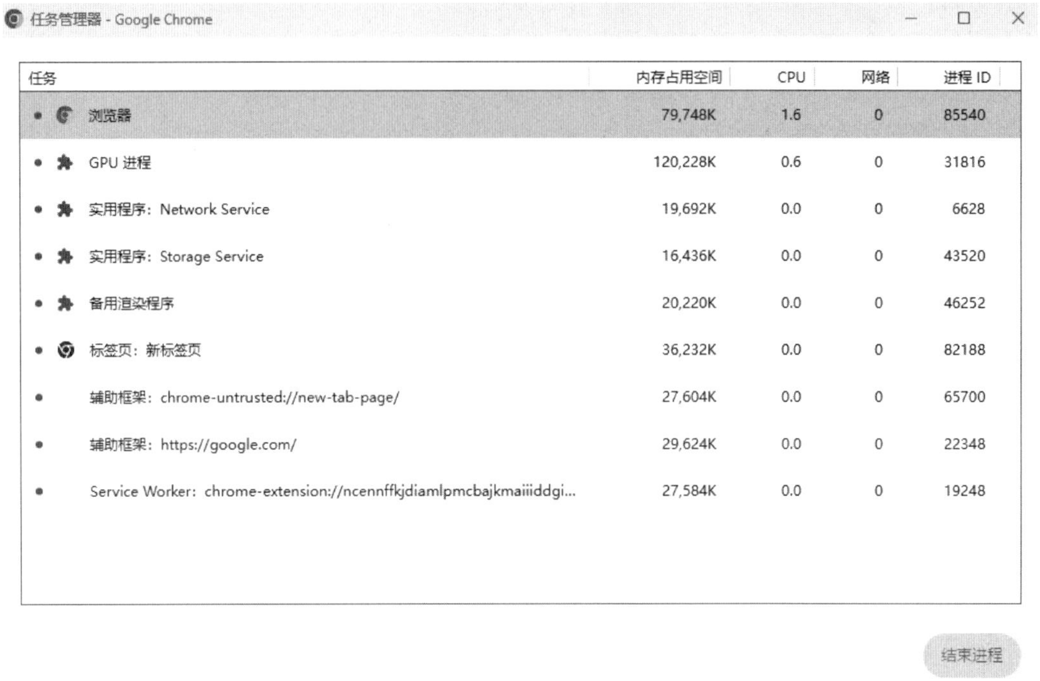

图 2-3　浏览器任务管理器

任务管理器默认存在若干进程,以下是任务管理器中可能存在的进程类型。

(1) 浏览器:负责管理所有其他进程,并且可以处理用户界面、拓展和标签页等任务。

(2) GPU 进程:这是图形处理单元(Graphics Processing Unit)的缩写,负责处理浏览器中的图形和视频渲染任务,使其更加流畅和高效。

(3) 实用程序 Network Service:这个进程负责处理网络相关的任务,包括网络请求、数据传输等,保证网络通信的顺畅和安全。

(4) 实用程序 Storage Service:这个进程负责管理 Chrome 浏览器中的存储服务,包括缓存、Cookie、本地存储等。

(5) 备用渲染程序:这个进程是 Chrome 预先准备的,用于快速加载新的标签页或恢复崩溃的标签页,以提高用户体验。

(6) 标签页:每个打开的标签页都有一个独立的进程,这样可以隔离标签页之间的内容,提高浏览器的稳定性和安全性。

(7) 辅助框架:这个进程负责管理浏览器扩展、插件和其他框架,确保它们可以正常运行并与浏览器进行交互。

(8) Service Worker:这个进程负责管理网页的 Service Worker,Service Worker 是一种在后台运行的脚本,用于实现离线缓存、消息推送等功能。

多增加一个标签页,浏览器任务管理器中就会多存在一个进程,由此可以清晰地看出

Chromium 是一个多进程架构的浏览器。

其次,可以在 Chromium 浏览器导航栏中输入 chrome://process-internals/#web-contents,这是一个内部诊断页面,能够显示此浏览器进程的性能配置、进程的启动方式和正在打开的每个文档的页面实例信息。通过访问这个页面,可以查看当前打开的文档的信息和与之关联的进程,这有助于了解浏览器是如何组织和管理这些内容的。如图 2-4 所示,可以看到内部诊断页面,当前页面开启了 7 个渲染进程。同时,渲染进程最多开启 82 个,超出之后,Chromium 会尝试尽可能地重用已有的渲染进程,而不是创建新的进程。这样做的目的是避免系统资源过度消耗和性能下降,因为过多的渲染进程可能会导致内存和 CPU 负载增加。Chromium 会优先考虑重用同一站点的进程,以维持渲染进程的总数在一个可控的范围内。

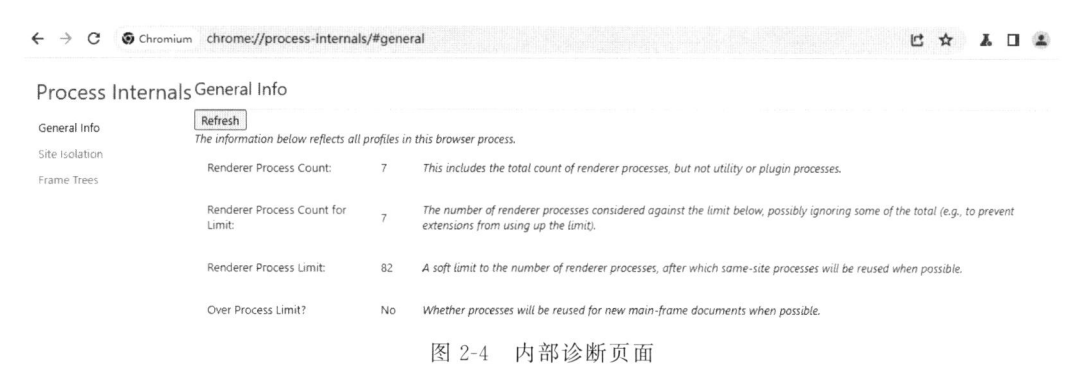

图 2-4 内部诊断页面

此外,通过左侧的 Site Isolation 选项可以得知 Chromium 当前进程的启动方式为不同域不同进程,即 Site Per Process 进程启动方式,如图 2-5 所示。

图 2-5 Site Per Process 进程启动方式

最后,可以在导航栏打开 chrome://discards/graph,它展示了页面、框架、Worker 线程和 Process 进程之间的映射关系,如图 2-6 所示。

需要注意,每个渲染进程对应着一个页面(page),但一个页面可能包含多个框架(frame)。这个页面提供了一个可视化图表,显示了在 Chromium 浏览器中打开的文档和工作线程是如何映射到不同进程的。这个图表可以帮助用户了解每个进程中有哪些文档和工作线程,以及它们之间的关系。用户可以单击图表上的任何节点,以获取有关该节点更多详细信息的链接。这个页面主要用于诊断和调试,帮助开发人员理解浏览器中的进程分配和资源使用情况。

图 2-6 映射关系展示

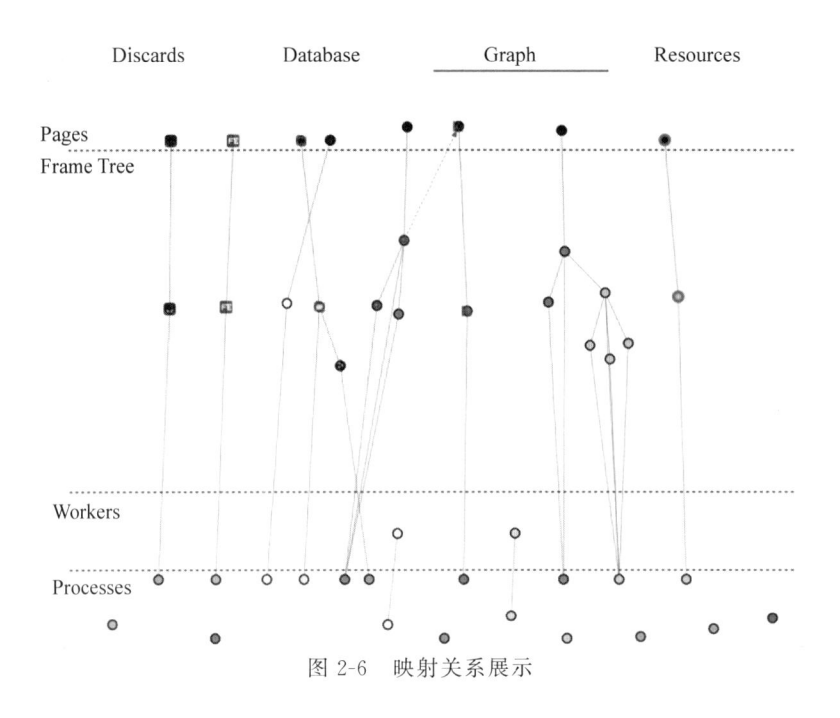

2.2.3　Chromium 进程启动方式

通过 2.2.2 节，得知 Chromium 浏览器存在进程启动方式 Site Per Process，其实 Chromium 允许用户通过命令行的形式，配置其他的渲染进程创建方式，一共有 4 种创建方式，具体如下。

（1）--process-per-site：同域同进程。

（2）--site-per-process：不同域不同进程。

（3）--process-per-tab：每个标签页独立进程。

（4）--single-process：单进程模式，所有东西一个进程。

打开 Chrome 可执行文件所在目录的 CMD，输入以下命令以指定方式启动浏览器：

```
>chrome.exe --process-per-site
```

在这个模式下打开的浏览器，只要每个标签页打开的是同一个域的页面，则都运行在同一个进程之中。如图 2-7 所示，打开两个百度页面，但是创建的进程只有一个。

这个参数会将同一站点的页面整合到一个进程中，以减少资源占用并提高性能。与之相对的是第二个参数--site-per-process，它更侧重于隔离不同站点的页面，而非整合同一站点的页面。所以，如果想要将同一站点的页面整合到一个进程中，那么应该选择第一个参数。

第三个参数为每个标签页创建一个独立的进程，不管是否为同域。

第四个参数不会创建任何额外的进程，所有的工作都在浏览器进程内完成，如图 2-8 所示。在单进程模式下，所有的标签页、插件及浏览器的其他功能都会在同一个进程中运

图 2-7　两个百度页面同进程

行,这样可能会导致性能下降和稳定性问题。因为如果有一个标签页崩溃了,那么整个浏览器可能都会受到影响。这种模式只有在做调试时才有好处,因为所有内容都在浏览器进程中运行,所以不需要安装任何额外的插件来辅助多进程调试。

图 2-8　单进程模式

2.2.4　Visual Studio 调试多进程

由于 Chromium 默认是多进程方式启动的,因此如果开启了新的渲染进程,那么对其中的代码段进行断点是不会成功的,除非使用单进程模式启动。例如,可以找到 C:\chromium119\src\third_party\blink\renderer\core\frame 目录下的 navigator.cc 文件,将其直接拖入 Visual Studio 2022 中,对其中的方法进行断点调试,如图 2-9 所示。

该函数是浏览器中的 navigator 对象下的属性,在 Visual Studio 中启动本地 Windows 调试器之后,在弹出的 Chromium 浏览器中右击"检查"选项,打开开发者工具,

```
48   namespace blink {
49
50   Navigator::Navigator(ExecutionContext* context) : NavigatorBase(context) {}
51
52   String Navigator::productSub() const {
53       return "20030107";
54   }
55
56   String Navigator::vendor() const {
57       // Do not change without good cause. History:
58       // https://code.google.com/p/chromium/issues/detail?id=276813
59       // https://www.w3.org/Bugs/Public/show_bug.cgi?id=27786
60       // https://groups.google.com/a/chromium.org/forum/#!topic/blink-dev/QrgyulnqvmE
61       return "Google Inc.";
62   }
63
64   String Navigator::vendorSub() const {
65       return "";
66   }
```

图 2-9　断点调试代码

切换到控制台,并在其中输入以下内容:

```
>navigator.productSub
```

会发现断点不会触发,不过 20030107 确实被完完整整地打印了出来,说明这个方法被调用了。没有被触发的原因在于,Visual Studio 当前调试的是浏览器进程,而并没有附加渲染进程。

如果想要 Visual Studio 调试器支持子进程调试,那么当要调试的应用程序创建另一个进程时,需要 Visual Studio 自动检测到此进程,并自动将调试器附加到新创建的进程。刚好存在这样一个插件,下载地址位于 https://marketplace.visualstudio.com/items?itemName=vsdbgplat.MicrosoftChildProcessDebuggingPowerTool。下载安装该插件后,如图 2-10 所示,可以在 Visual Studio 顶部的 Debug 菜单中单击 Other Debug Targets 菜单项,新弹出的菜单中存在刚刚安装好的插件 Child Process Debugging Settings。

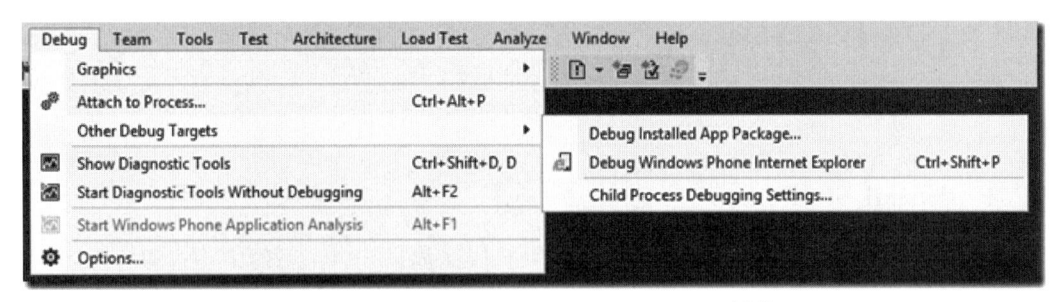

图 2-10　Child Process Debugging Settings 插件

进入插件设置页面后,将看到一个用于启用子进程调试的复选框,如图 2-11 所示。要打开该功能,请勾选此复选框并单击 Save 按钮。启用子进程调试插件之后,再次重复断点操作,会发现 Visual Studio 会自动附加到渲染进程上,断点调试完成。

图 2-11　启用插件

2.3　Blink 渲染引擎

Blink 是 Chromium 浏览器中负责网页渲染处理的一个重要组成部分。当在浏览器中打开一个网页时，所看到的所有文字、图像、视频及页面的排版布局都是由 Blink 引擎负责处理的。

2.3.1　Blink 运行方式

Blink 作为 Chromium 浏览器的渲染引擎，负责浏览器标签内与渲染内容相关的所有事情。由于 Chromium 浏览器是多进程的，因此每个渲染进程当中都会包含一个 Blink 实例。但是出于安全因素，渲染进程是沙盒化的，因此渲染进程需要向浏览器进程请求系统调用和用户配置文件数据访问，这些跨进程请求通信就是通过 Mojo 通信完成的，如图 2-12 所示。值得一提的是，虽然现在 Chromium 中还存在大量 IPC 通信代码，但是实际上已经被更现代化的 Mojo 通信取代了。

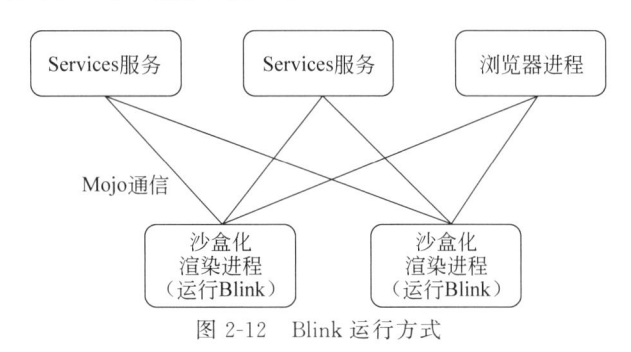

图 2-12　Blink 运行方式

如果要在 Chromium 浏览器中打开一个新的网页，首先需要在浏览器中输入网址并按回车键，以上动作会被浏览器进程接收并处理，然后它会启动一个新的渲染进程，并配置加载输入的网址。

在获取到网站服务器返回的数据时，这个新的渲染进程就会启动 Blink 引擎，并让它解释加载的网页内容。Blink 会解析 HTML、CSS 和 JavaScript，并生成网页的视觉内容。实用进程 Service 会负责处理这个网页加载过程中的各种网络请求，如请求加载网页上的图片、脚本文件等资源，它会从网络中下载这些资源，并交给渲染进程处理。

在这个过程中，因为渲染进程是被沙盒化的，所以沙盒会不断监控渲染进程的行为，确保它只能做一些安全的事情，而不能做一些可能危害计算机的事情。当网页内容加载完成后,渲染进程会把生成的视觉内容传递给浏览器进程,然后浏览器进程就会把这些内容显示在屏幕上,让用户可以浏览网页。

2.3.2 Blink 模块

如图 2-13 所示,Blink 作为一个独立的模块,同时也是一个渲染引擎,可以被多个不同的平台嵌入使用,而使用的途径就是通过 content 公用 API 进行接入。

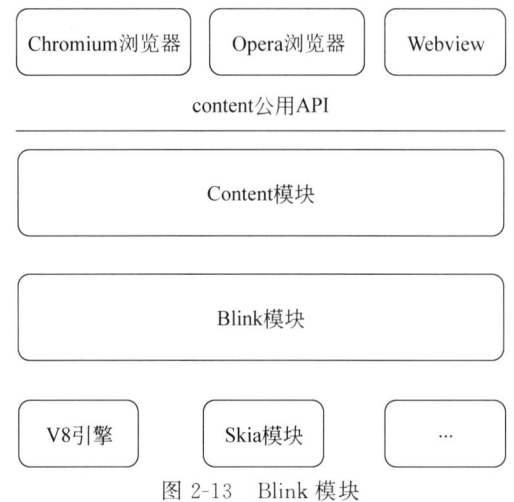

图 2-13　Blink 模块

//content/public APIs 是暴露给 Content 模块嵌入者的 API,它的设计目的是让开发者在开发 Chrome 时不必深入了解 Chromium 内部运作的细节。

接下来,谈谈 Content、Blink 和 Content Public API 之间的关系。

Content 是浏览器的一个核心模块,它负责处理浏览器中的网页内容、渲染及和浏览器界面的交互。而 Blink 是 Chromium 的网页引擎,负责解析和渲染网页内容。Content Public API 充当了一个中介的角色,它将 Content 模块和 Blink 模块连接了起来。当使用 Content Public API 时,实际上在与 Content 模块进行通信,通过这个 API 还可以间接地与 Blink 进行交互。这意味着可以使用 Content Public API 来操作网页内容、执行 JavaScript 代码等,而这些操作实际会影响 Blink 的行为。

由此可见,Content 和 Blink 在功能上存在重叠,不过这是因为它们都涉及网页内容处理和渲染,但它们的职责和角色略有不同。Content 主要负责浏览器的核心功能,包括处理网页内容、管理多个渲染进程、处理与浏览器界面的交互等。它相当于浏览器的"大脑",负责协调和管理整个浏览器的运行。Blink 则是一个专门的渲染引擎,被嵌入 Content 中,作为 Content 的一个子模块,用于实现网页的渲染功能。

虽然它们都涉及网页内容处理和渲染,但 Content 和 Blink 的职责不同,它们相互配合,共同完成了浏览器的核心功能。可以大致认为 Content 负责管理整个浏览器,而 Blink 则负责处理网页内容的渲染。

V8 和 Skia 等作为 Blink 之下的模块,受 Blink 引擎的驱使。

V8 是 Chromium 中的 JavaScript 引擎,负责解释和执行网页中的 JavaScript 代码。

当网页中有 JavaScript 代码需要执行时，Blink 会将这些任务交给 V8 处理，然后 V8 会解释并执行这些代码，然后将执行结果返回给 Blink，Blink 再根据执行结果来更新网页的显示。

另外，Skia 是 Chromium 中的一个图形库，在网页渲染过程中，Blink 可能需要绘制各种图形元素、文本等内容，这时它就会调用 Skia 提供的接口来完成绘制工作。

综上所述，当在 Chromium 中浏览网页时，Blink 负责处理网页的布局和渲染，它与 V8 交互来执行 JavaScript 代码，与 Skia 交互来绘制图形和处理图像，最终呈现出在浏览器中看到的网页内容。

2.3.3 Blink 目录结构

Blink 的代码位于 src 目录下的 third_party/blink 中，如图 2-14 所示，Blink 目录下存在 7 个文件夹，各有不同用途，后续的指纹修改也集中于 Blink 目录之中，从而理解该目录结构对后续开发有很大好处。

图 2-14 Blink 目录结构

首先介绍其中的 public 文件夹，这是 Blink 的公共 API 的存放处。在这个目录下，会找到一些 C++ 头文件、脚本和 GN 构建文件，这些文件定义了 Blink 的公共接口。在 Chromium 中，Blink 的公共 API 主要被 Content 层使用。

公共 API 的组织结构分为以下 3 部分。

（1）public/common：这个目录里存放的是一些可以在渲染器和浏览器代码里引用的文件，主要是和 Web 平台相关的。例如，要在渲染器里面用到一些和 Web 平台相关的功能，就可以从这个目录里引用对应的文件。

（2）public/platform：这个目录定义了 Blink 运行的抽象平台。Blink 不直接与底层操作系统通信，而是通过平台 API 与操作系统交互。这部分 API 的核心接口是 Platform，它是 Blink 获取其他接口的纯虚拟接口。该目录具体由 blink/renderer/platform/exported 实现。

（3）public/web：这个目录定义了 Blink 对 Web 平台的一些实现接口，如文档对象模型 DOM 等。如果想探索 Blink 的一些接口，可以从这个目录开始看。在这个 API 中，中心接口是 WebView，它是探索 API 的一个良好起点。本目录由 blink/renderer/{core, modules}/exported 实现。

Blink 的公共 API 不使用 STL 标准模板库类型，除了少数在 Blink 内部使用的 STL 类型，如 std::pair，大多数情况下 API 使用 WTF（Web Template Framework）容器来实现。这是 Blink 自己的一套容器类型，用于更好地适应 Web 浏览器的需求。

接下来介绍 Renderer 目录，该目录是 Blink 最重要的部分之一，包含了大部分的 Web 平台实现代码，并且专门运行在渲染进程中。Blink 下渲染器子目录的内容具体如下。

（1）platform/：包含了 Blink 的一些底层功能，是从 core/ 中分离出来的一部分。这些功能也遵循类似 modules/ 的原则，但允许不同的依赖关系。例如，platform/scheduler 实现了用于管理所有 Blink 任务的任务调度器。

（2）core/：实现了 Web 平台规范和接口的核心功能，与 DOM 紧密耦合。这个目录包含了许多功能，由于历史原因，它们之间存在复杂的相互依赖关系，因此可以被看作一个单一的大实体。

（3）modules/：包含了 Web 平台中的一些自包含、定义清晰、相对独立的功能模块。这些模块通常由数十到数百个文件组成，具有明确的依赖关系，能够形成健康的依赖树。举例来说，modules/crypto 实现了 WebCrypto API。

（4）controller/：这是一组使用 core/ 和 modules/ 的高级库，如开发者工具前端。不过，需要注意的是，实现 Web 平台功能的代码不应该放在这个目录中。

（5）bindings/：包含了大量使用 V8 API 的文件。它是为了将 V8 API 的使用与其他代码分开，因为 V8 API 复杂、容易出错且涉及安全性。

（6）extensions/：包含了嵌入器特定的、不会暴露给 Web 的 API。这个目录用于使用 Blink 技术实现嵌入器特定的 API，如 Web IDL、V8 绑定等。

（7）build/：包含了一些构建 Blink 引擎的脚本。

接下来举一个加载网页的例子来说明这些文件夹的相互关系。如图 2-15 所示，Content 模块负责管理浏览器进程，并接收用户输入、处理网络请求等。当在地址栏中输入网址并按回车键时，Content 模块会接收到这个请求。Components 模块包含网络模块，它会处理 Content 模块发来的网络请求。Components 会与网络服务器通信，下载网页内容。下载完成后，内容会被传递给 Blink。Blink 使用 Blink Public APIs 中定义的接口来解析 HTM-L、CSS 和 JavaScript，并生成页面的渲染树。在渲染过程中，Blink 会使用 third-party/blink/platform 中的一些低级别功能来优化页面的渲染效果，其中包含了 base 模块、V8 模块和 CC 模块。一旦页面的渲染树准备好，Blink 将通知 Content 模块，表示页面已经准备好显示了。

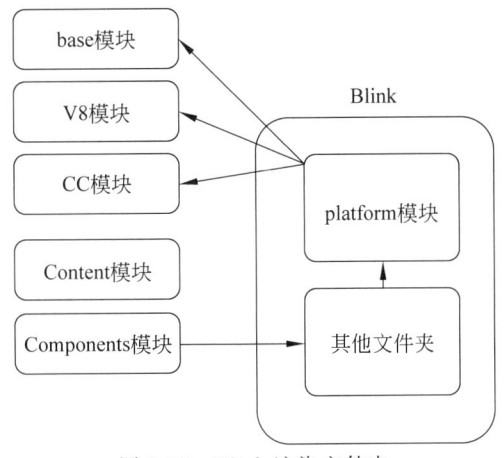

图 2-15　Blink 渲染文件夹

2.3.4　Blink 线程创建

在渲染进程中，Blink 只有一个主线程，但是有多个工作线程和大量的内部线程。

在这些线程中，主线程是最重要的线程，几乎所有的关键操作都在这里进行。主线程负责执行 JavaScript 代码（除了在 Web Workers 中的执行）、处理 DOM 操作、计算 CSS 样式及进行页面布局计算等任务。Blink 引擎被高度优化，以确保主线程的性能最大化，因为大部分情况下它都是单线程的。

对于工作线程，Blink 可能会创建多个工作线程，用于运行 Web Workers、Service Worker 和 Worklets。这些线程可以在后台执行任务，而不会阻塞主线程。

除了主线程和工作线程，Blink 和 V8 引擎可能会创建一些内部线程，用于处理 Web Audio、数据库、垃圾回收等任务。

这些线程之间的工作状态如图 2-16 所示，彼此的通信通常通过消息传递来实现，而不是使用共享内存。

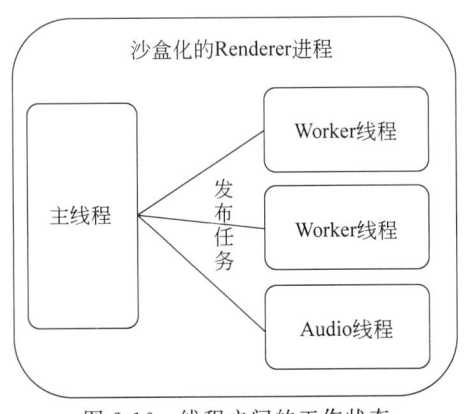

图 2-16　线程之间的工作状态

在消息传递中，线程之间通过发送和接收消息来进行通信，发送方将消息发送到接收方，接收方接收并处理消息，通常使用队列或邮箱等数据结构来实现消息传递。值得一提的是，函数式编程语言 Erlang 的并发模型也是基于消息传递的，由于消息传递涉及复制消息内容，因此不同线程之间的数据是相互独立的，不会共享内存空间，也就不容易出现数据竞争和死锁等问题。

2.4　本章小结

　　本章全面讲解了 Chromium 浏览器的多进程架构和关键目录结构，为开发指纹浏览器提供了基础。首先介绍了 Chromium 的源码目录结构，并且详细分析了关键目录的功能和作用，例如，android_webview 为 Android 平台集成 Chromium 内核提供支持，apps 目录存放 Chrome 打包应用，ash 目录则承担管理 Chrome OS 桌面环境的任务。此外，本章深入探讨了 Chromium 的多进程架构，解释了不同类型的进程如浏览器进程、渲染进程的职责和如何通过进程间通信来协调任务。对 Blink 渲染引擎也进行了详细的介绍，包括其运行方式、模块构成和线程创建。本章还强调了 Blink 引擎在渲染过程中的关键角色，解释了它如何处理网页内容的渲染，并与其他模块如 V8 和 Skia 进行交互以支持 JavaScript 执行和图形绘制。

　　整体而言，本章为 Chromium 指纹浏览器的开发奠定了坚实的理论基础，并通过详细解析 Chromium 的核心组件和架构，为实际开发工作提供了清晰的导向和丰富的技术细节。

第 3 章 Chromium 浏览器指纹传递

本书开发的 Chromium 指纹浏览器在启动时需要将指纹固定下来,在整个浏览器的运行生命周期之内,都要保持固定的指纹状态。这些指纹在启动之初,就应该被浏览器接受。由于 Chromium 浏览器基于多进程架构,因此也要确保在后续创建新的进程时,能够获取到这些指纹信息。

本章将会详细讲解在 Chromium 指纹浏览器开发过程中,涉及指纹传递的相关技术,主要包括命令行传参、JSON 格式化、代码快速定位和多进程参数传递等。

3.1 Chromium 命令行工具

在为 Chromium 指纹浏览器进行指纹修改时,可以选择读取本地文件,也可以选择在命令行中进行参数传递,甚至读取环境变量,传递参数的方式是多种多样的。本书开发的 Chromium 指纹浏览器选择在浏览器启动之初,就从命令行将参数传递到浏览器中,这样做的好处是十分灵活,每次启动浏览器实例都可以动态配置指纹参数,而且在编写脚本时易于管理,能够轻松地和其他自动化驱动软件集成。

3.1.1 查看进程命令行

Chromium 进程在用户不主动传递命令行参数的情况下,默认是存在大量命令行参数的,命令行参数汇总可以到 https://peter.sh/experiments/chromium-command-line-switches/ 查看。在计算机中打开 Chrome 浏览器,接着打开操作系统任务管理器(非浏览器任务管理器),单击左侧的详细信息,之后右击展示的标题栏,在其中选中"命令行"进行展示。如图 3-1 所示,默认每个浏览器子进程在被创建时,都会指定大量参数。

图 3-1 默认命令行参数

在子进程被创建时,可以看到每个子进程命令行中都存在一个名为--type 的键值对,其对应的值为该进程的类型。通过观察,一共存在 4 种进程类型,具体如下。

（1）renderer：渲染进程，即浏览器网页打开时的 tab 页面。

（2）crashpad_handler：Google 开发的一款用于收集和处理应用程序崩溃报告的工具。

（3）utility：辅助性的任务，这些进程通常被设计为相对轻量级的，用于处理一些不需要在浏览器主进程或渲染进程中完成的任务，如文件下载、网络请求、PDF 查看、插件处理等。

（4）gpu-process：负责处理与图形渲染相关的任务和操作。GPU 进程的存在是为了将图形渲染和处理任务从浏览器进程中分离出来，以提高性能和稳定性，并允许更好地利用硬件加速功能。

在实际进行命令行参数传递时，需要传递的参数的进程类型是渲染进程及 utility 中的网络进程。这是因为除了 Blink 渲染引擎中和网页 DOM 相关的信息需要修改之外，在进行网络传输时，网络请求头中的信息也需要和本地被修改的指纹进行同步。

3.1.2　switches 定义

可以发现，Chromium 命令行在传参时是拥有固定格式的，这种命令行中带有前缀（--、-，在 Windows 上还有/）的参数被称为开关（switch）。开关会在没有开关前缀的其他参数之前出现。开关可以选择性地带有值，用 = 分隔，如-switches = value。如果一个开关被指定了多次，则只有最后一个值会被使用。当在初始化过程中出现参数为--，则表示开关解析结束，接下来的参数将被解释为非开关参数，无论其是否带有前缀。

可以找到 3.1.1 节中提到的--type 被定义的 switches 所在文件，从 content\public\common\content_switches.h 中可以看到该参数在声明时是一个常量字符数组，并且使用了 extern 关键词，这意味着它被标记为在其他文件中定义的外部常量。也就是说，该变量的定义并不在当前文件中，而是在其他某个地方。常量字符数组用于存储进程的类型信息，可能表示正在运行的进程是渲染进程或者 GPU 进程，等等。CONTENT_EXPORT 表示该变量是从某个导出的库中导出的，可以在其他模块中使用。content_switches.h 文件中的具体代码如下：

```
namespace switches {
extern const char kPpapiStartupDialog[];
CONTENT_EXPORT extern const char kProcessType[];
}
```

而它的具体定义则在其对应的.cc 文件中。打开同名的.cc 文件，就可以搜索到对应的实际定义，代码如下：

```
namespace switches {
const char kProcessType[] = "type";
}
```

因此，如果要定义自己的命令行开关，只需要仿照源码中的写法即可，在这里将使用以下参数作为命令行参数的名字。对于开发者修改的源代码，为了方便后续进行查看，可以在修改的开始和结尾处加上自己的特定注释符号，代码如下所示：

```
//ruyi
CONTENT_EXPORT extern const char kRuyi[];
//ruyi 结束
```

并在对应的.cc文件中对其进行字符数组定义：

```
const char kRuyi[] = "ruyi";
```

不过当前定义的 switches 是在 Content 模块中，根据第 2 章的内容可以得知，Chromium 本身是一个模块化的大型项目，不同模块之间的通信是需要通过公共 API 接口的。对于命令行开关这种基本的东西，其在各个不同模块中都有自己的定义，所以如果想要这个开关在渲染引擎 Blink 的代码中也可以使用，还需要找到 Blink 中的对应代码，它的开关文件位于 third_party\blink\public\common\switches.h 中，在该开关文件中编写以下代码：

```
namespace blink {
namespace switches {
//ruyi
BLINK_COMMON_EXPORT extern const char kRuyi[];
//ruyi 结束
}}
```

BLINK_COMMON_EXPORT 是一个宏，通常用于在跨平台开发中声明导出符号，以便在动态链接库（DLL）或共享库中使用。这个宏的作用是确保在不同的编译环境中，该常量能够正确地导出或导入，以保证代码的可移植性和兼容性。

它对应的.cc文件位于 third_party\blink\common 中，这很好理解。公共目录下存放的是可以被外部引用的，而.cc 文件通常是不需要导出的，从而也不必放在公共 API 的目录之中。修改后的代码如下：

```
namespace blink {
namespace switches {
    //ruyi
    const char kRuyi[] = "ruyi";
    //ruyi 结束
}}
```

经过这两次定义之后，我们自己的开关就可以在 Content 和 Blink 两个模块中自由使用了。

3.1.3　CommandLine 命令行

CommandLine 是在 Chromium 源码中定义的命令行类，因为 CommandLine 单例是需要在每个进程启动时进行初始化的，这样才能够解析传入进程的命令行参数，所以可以在浏览器进程的 main 入口中查看 CommandLine 命令行工具是如何使用的。

在 2.2.4 节的图 2.9 的代码中下断点，触发断点后，Visual Studio 右下角将出现调用堆栈，调用堆栈会显示所调用的函数顺序，函数调用是从下到上依次入栈的。一直滑动到最底部，可以找到 Chromium 的入口函数 wWinMain，如图 3-2 所示。

图 3-2　Chromium 入口函数

以下是该入口函数的涉及命令行的部分源码：

```cpp
int APIENTRY wWinMain(HINSTANCE instance, HINSTANCE prev, wchar_t *, int) {
...
//初始化命令化单例
base::CommandLine::Init(0, nullptr);
const base::CommandLine * command_line =
    base::CommandLine::ForCurrentProcess();
const std::string process_type =
    command_line->GetSwitchValueASCII(switches::kProcessType);
 DCHECK(command_line->HasSwitch(switches::kUserDataDir));
...
 base::FilePath user_data_dir =
    command_line->GetSwitchValuePath(switches::kUserDataDir);
 int crashpad_status = crash_reporter::RunAsCrashpadHandler(
    * base::CommandLine::ForCurrentProcess(), user_data_dir,
    switches::kProcessType, switches::kUserDataDir);
...
}
```

从启动源码中可以看出，命令行工具在使用之前是需要经过初始化的。这个初始化的静态成员函数的定义如下所示：

```cpp
bool CommandLine::Init(int argc, const char * const * argv) {
if (current_process_commandline_) {
    return false;
}
current_process_commandline_ = new CommandLine(NO_PROGRAM);
current_process_commandline_->ParseFromString(::GetCommandLineW());
return true;
}
```

如果当前进程的命令行已经被初始化了,那么返回 false;如果没有被初始化,就会创建一个新的 CommandLine 对象。GetCommandLineW 是 Windows 平台上的一个系统函数,用于获取当前进程的命令行参数,它返回一个以空字符结尾的 Unicode 字符串,表示当前进程启动时所使用的命令行参数。

初始化 CommandLine 对象之后,获取命令行对象的函数 ForCurrentProcess 会直接返回刚刚初始化的对象。对初始化的命令行的获取仅做了一层代码封装。具体实现代码如下:

```
CommandLine* CommandLine::ForCurrentProcess() {
    DCHECK(current_process_commandline_);
    return current_process_commandline_;
}
```

在下面的代码中可以看到对开关 switches::kProcessType 做了参数获取,即 3.1.1 节中的进程类型,GetSwitchValueASCII 就是实际获取命令行参数值的方法。在这个函数内部程序会调用另一个函数 GetSwitchValueNative 来获取命令行参数,并返回宽字符串。如果传入的命令行参数值不是 ASCII 字符串,那么传入的命令行参数就会被重置为一个空字符串。具体实现代码如下:

```
#if BUILDFLAG(IS_WIN)
using StringType = std::wstring;
#elif BUILDFLAG(IS_POSIX) || BUILDFLAG(IS_FUCHSIA)
using StringType = std::string;
#endif
std::string CommandLine::GetSwitchValueASCII(
std::string_view switch_string) const {
    StringType value = GetSwitchValueNative(switch_string);
    if (!IsStringASCII(base::AsStringPiece16(value))) {
        DLOG(WARNING) << "Value of switch (" << switch_string << ") "
        must be ASCII.";
        return std::string();
    }
    return WideToUTF8(value);
}
```

GetSwitchValueNative 要做的事是从传入的所有命令行键值对中找到对应的内容。而这些传入的键值对,早已被依次解析并存入了名为 switches_ 的字典映射当中,这是一个使用标准库 std::map 构建的对象。具体代码如下:

```
CommandLine::StringType CommandLine::GetSwitchValueNative(
std::string_view switch_string) const {
    DCHECK_EQ(ToLowerASCII(switch_string), switch_string);
    auto result = switches_.find(switch_string);
    return result == switches_.end() ? StringType() : result->second;
}
```

如果要判断是否存在某个开关,也只需要在这个字典映射中进行查找,具体代码如下:

```
bool CommandLine::HasSwitch(std::string_view switch_string) const {
    DCHECK_EQ(ToLowerASCII(switch_string), switch_string);
    return Contains(switches_, switch_string);
}
bool CommandLine::HasSwitch(const char switch_constant[]) const {
    return HasSwitch(std::string_view(switch_constant));
}
```

通过使用 Chromium 启动函数中的命令行工具,可以总结出以下函数的作用。
(1) CommandLine::Init:命令行对象初始化。
(2) CommandLine::ForCurrentProcess:获取初始化的命令行对象。
(3) GetSwitchValueASCII:获取指定开关的值,该值类型需要为 ASCII 字符。
(4) HasSwitch:判断指定开关是否存在。

除此之外,在后续从主进程向子进程传递命令行参数时,需要把命令行参数的键值对都添加到子进程的命令行实例中,这就需要使用 AppendSwitchASCII,代码如下:

```
void CommandLine::AppendSwitchASCII(std::string_view switch_string,
std::string_view value_string) {
    #if BUILDFLAG(IS_WIN)
        AppendSwitchNative(switch_string, UTF8ToWide(value_string));
    #elif BUILDFLAG(IS_POSIX) || BUILDFLAG(IS_FUCHSIA)
        AppendSwitchNative(switch_string, value_string);
    #else
    #error Unsupported platform
    #endif
}
```

通过这个函数,可以把在主进程中解析出来的开关和对应的值,添加到子进程的命令行实例中,这个函数还调用了 AppendSwitchNative,代码如下:

```
void CommandLine::AppendSwitchNative(std::string_view switch_string,
CommandLine::StringPieceType value) {
    const std::string switch_key = ToLowerASCII(switch_string);
    StringType combined_switch_string(UTF8ToWide(switch_key));
    size_t prefix_length = GetSwitchPrefixLength(combined_switch_string);
    auto key = switch_key.substr(prefix_length);
    if (g_duplicate_switch_handler) {
        g_duplicate_switch_handler->ResolveDuplicate(key, value,
        switches_[std::string(key)]);
    } else {
        switches_[std::string(key)] = StringType(value);
    }
    if (prefix_length == 0) {
```

```
      combined_switch_string.insert(0, kSwitchPrefixes[0].data(),
      kSwitchPrefixes[0].size());
}
if (!value.empty())
    base::StrAppend(&combined_switch_string, {kSwitchValueSeparator, value});
    argv_.insert(argv_.begin() + begin_args_, combined_switch_string);
    begin_args_ = (CheckedNumeric(begin_args_) + 1).ValueOrDie();
}
```

在添加命令行参数时,需要把开关转换为小写形式,并使用 GetSwitchPrefixLength 函数获取开关字符串的前缀长度。

如果存在重复的开关处理器,则调用 ResolveDuplicate 函数解决重复开关的值。否则,直接将开关及其对应的值存储在 switches_ 容器中,其中键是开关名称,值是开关对应的值。如果要更新某一开关的值,也可以使用这个方法。

如果开关字符串没有前缀,则在开关字符串前添加默认的开关前缀(如--)。

如果开关有对应的值,则将值添加到开关字符串后面,并用等号分隔。

最后更新命令行参数,将组合好的开关字符串插入 argv_ 容器中。这个容器是命令行类中的一个成员变量,存储了一个程序的名称和一系列的命令行开关和参数:

```
{ program, [(--|-|/)switch[=value]]*, [--], [argument]* }
```

3.2 JSON 工具类

Chromium 的 base 库中有大量的通用基础工具,其中就包括 JSON。之所以要学习这里的 JSON 类,是因为在进行命令行传参时,本书会把所有命令行参数放在 JSON 对象当中,这样便于统一传递和解析。

3.2.1 JSONReader 类

JSONReader 类提供了一个用于解析 JSON 的工具,它可以根据配置选项定制解析行为,并提供了灵活的错误处理机制。

在传递 JSON 字符串到 Chromium 中之后,通常使用静态成员函数 Read 进行读取和格式化。参数传递中的第一个参数 json 是要解析的 JSON 字符串;options 是解析选项,它是一个整数,表示解析器的配置选项,可以通过按位或运算来组合多个选项;max_depth 是最大解析深度,用于限制 JSON 数据结构的嵌套深度,避免因过深的嵌套导致栈溢出或死循环等问题。静态成员函数 Read 的具体代码如下:

```
std::optional<Value> JSONReader::Read(std::string_view json,
                                       int options, size_t max_depth) {
    internal::JSONParser parser(options, max_depth);
    return parser.Parse(json);
}
```

以下是一些可能会用到的 JSON 解析选项，它们都处于 base 命名空间之下。

（1）JSON_ALLOW_COMMENTS：允许使用 C(/* */)和 C++(//)样式的注释。

（2）JSON_ALLOW_NEWLINES_IN_STRINGS：允许字符串中出现 \r 和 \n。

（3）JSON_PARSE_CHROMIUM_EXTENSIONS：这是 Chromium 扩展的非标准 JSON 解析器的默认行为。它包括允许注释、允许在字符串中出现换行符及允许十六进制转义序列等行为。

在实际进行代码编写时，可以这样做：

```
std::optional<base::Value> json_data =
base::JSONReader::Read(base::StringPiece(buffer.data(), buffer.size()),
base::JSON_ALLOW_TRAILING_COMMAS);
```

通常情况下，会将解析的 JSON 字符串读取为字典类型，这样方便键值对的获取，实现代码如下：

```
std::optional<Value::Dict> JSONReader::ReadDict(std::string_view json,
int options, size_t max_depth) {
    std::optional<Value> value = Read(json, options, max_depth);
    if (!value || !value->is_dict()) {
        return std::nullopt;
    }
    return std::move(*value).TakeDict();
}
```

通过对返回值源码的阅读，可以发现进行了两个操作 std::move 和 TakeDict，前者是 C++ 中的一个函数模板，用于将对象的状态从一个对象移动到另一个对象。在这里，*value 表示获取 value 所指向的对象，并将其内容作为参数传递给 std::move。后者从 Value 对象中提取一个字典。TakeDict 方法的源码位于 base/values.cc 中，具体代码如下：

```
Value::Dict Value::TakeDict() && {
    return std::move(GetDict());
}
```

这段代码可以衍生出其他类型的获取方式，如果要获取的 JSON 字符串中存在其他类型，则可以使用以下这些方法来读取。

（1）Value::GetBool：获取 Value 对象中存储的布尔值。

（2）Value::GetInt：获取 Value 对象中存储的整数值。

（3）Value::GetDouble：获取 Value 对象中存储的双精度浮点数值。

（4）Value::GetString：获取 Value 对象中存储的字符串值。

（5）Value::GetList：获取 Value 对象中存储的数组值。

此外，由于 JSON 格式通常是层层嵌套的，因此一个 JSON 对象解析之后，内部通常存在多种类型。要从 JSON 字典中获取对应的值，也有不同的方法可实现，这些方法同样位于 base/values.cc 文件中，从 JSON 字典中获取不同类型的值的代码如下：

```
Value::Dict::FindBool(StringPiece key)
std::optional<int> Value::Dict::FindInt(StringPiece key)
std::optional<double> Value::Dict::FindDouble(StringPiece key)
std::string * Value::Dict::FindString(StringPiece key)
Value::Dict * Value::Dict::FindDict(StringPiece key)
Value::List * Value::Dict::FindList(StringPiece key)
```

3.2.2 JSONWriter 类

Chromium 中用于生成 JSON 字符串的 JSONWriter 类提供的方法并不多，可以直接列举出来，具体如下。

（1）Write：接收 base::Value 对象，该对象代表任何可能的 JSON 结构，如字典、列表等，Write 将该对象转换为一个 JSON 格式的字符串。

（2）WriteWithOptions：与 Write 类似，但可以指定额外的选项来配置生成的 JSON 字符串。

（3）WriteJson：将对象转换成 JSON 字符串。这个函数接收节点作为输入，并尝试将其转换为 JSON 格式的字符串，以用来取代 Write 方法。

（4）WriteJsonWithOptions：在 WriteJson 的基础上增加了更多的灵活性，允许用户通过 options 参数来定制 JSON 生成的行为。

此外，JSONWriter 类还定义了一些选项，具体如下。

（1）OPTIONS_OMIT_BINARY_VALUES：如果遇到二进制值，则省略该值。

（2）OPTIONS_OMIT_DOUBLE_TYPE_PRESERVATION：如果遇到的 double 类型的值只保留了整数部分，并且整数部分在 64 位整数范围内，则以普通整数形式输出。

（3）OPTIONS_PRETTY_PRINT：生成的 JSON 字符串使用了更易读的格式，并添加了额外的空格和换行符。

基于这些选项，可以灵活地配置 JSONWriter 以生成符合其需求的 JSON 字符串。

接下来，编写一段 JSONWriter 的使用代码来更清晰地了解该类的使用方式，具体如下：

```
base::Value::Dict description;
description.Set("bool", true);
description.Set("string", "hello world");
std::string json;
base::JSONWriter::Write(description, &json);
base::FilePath local_state_file;
base::PathService::Get(chrome::DIR_USER_DATA, &local_state_file);
local_state_file = local_state_file.Append(chrome::kLocalStateFilename));
ASSERT_TRUE(base::WriteFile(local_state_file, local_state_json));
```

这段代码首先初始化了一个名为 description 的字典，然后将其转换为 JSON 字符串并存储在 json 变量中,最后将其写入本地的用户数据目录。

带有参数的写入的实现代码如下,依次写入根节点、配置、保存的字符串:

```
base::Value::Dict dict;
dict.Set("project", "Chromium");
dict.Set("open_source", true);
base::Value root(std::move(dict));
std::string json_output;
//定义 JSON 生成选项,使用美化输出
int options = base::JSONWriter::OPTIONS_PRETTY_PRINT;
base::JSONWriter::WriteWithOptions(root, options, &json_output);
LOG(INFO) << "JSON Output: " << json_output;
```

在 Chromium 代码库中,JSONWriter::Write 和 JSONWriter::WriteJson 两个函数虽然都提供 JSON 序列化功能,但它们的设计理念、使用场景和返回值处理方式存在差异。这些差异反映了现代 C++ 编程实践的演进,特别是在错误处理和类型安全方面的改进。前者的返回值是布尔值,只能指示操作是否成功;后者返回 std::optional<std::string>,利用了新的 C++ 17 语法,这使得返回值既能包含成功生成的 JSON 字符串,也能在生成失败时不包含任何值。

下边是 WriteJson 的使用例子:

```
base::Value::Dict dict;
dict.Set("project", "Chromium");
dict.Set("open_source", true);
base::Value root(std::move(dict));
std::optional<std::string> json_output = base::JSONWriter::WriteJson(root);
LOG(INFO) << "JSON Output: " << *json_output;
```

3.3 RendererProcessHost 传递

回顾图 2-2 所示的多进程架构,RendererProcessHost 扮演了非常关键的角色,它主要负责管理和控制渲染进程。Chromium 采用多进程架构来提升浏览器的稳定性、安全性和响应速度。这种架构主要涉及几种类型的进程,如浏览器进程、渲染进程、工具进程等。渲染进程的创建是由 RendererProcessHost 掌控的,了解了 RendererProcessHost 的工作,也就知道应该在何处将命令行参数传递给渲染进程了。

3.3.1 初始化

如果现在向 Chromium 浏览器传递命令行参数,你会发现只能在浏览器进程中获取,在渲染进程中获取不到对应内容。其中的原因很简单,通过命令行工具可知,每个进程都有自己的命令行单例,在浏览器开启时传递的命令行参数只有浏览器进程能够接收到,因为渲染进程是不存在的,所以需要找到渲染进程被启动的地方来进行手动传递,而这个地

方就是 RendererProcessHost。

下面将深入探讨 Chromium 的 RenderProcessHostImpl::Init 源码，详细解释其作用和内部机制。这段源码是 Chromium 浏览器架构中负责初始化渲染进程的核心部分，理解这部分代码对于深入了解 Chromium 浏览器是如何管理渲染进程是非常重要的。通过逐步了解它的逻辑结构，我们可以为找到合适的命令行参数传递的切入点做准备。

首先需要明白的是，RenderProcessHostImpl::Init 的主要目的是初始化渲染进程，包括配置进程启动的命令行参数、决定沙盒模式、创建 IPC 通道，以及启动或重启渲染进程。这个方法还确保了渲染进程的正确配置和启动，即使在可能出现多次初始化调用的情况下也能正确处理。它的源代码具体如下：

```
if (IsInitializedAndNotDead())
    return true;
base::CommandLine::StringType renderer_prefix;
const base::CommandLine& browser_command_line =
    *base::CommandLine::ForCurrentProcess();
renderer_prefix =browser_command_line.GetSwitchValueNative(
switches::kRendererCmdPrefix);
```

这段代码首先检查了渲染进程主机 RendererProcessHost 是否已经被初始化且没有被关闭。如果已经初始化且没有被关闭，那么再次调用初始化函数就没有意义，此时会直接返回 true，表示初始化成功。源码中的 switches::kRendererCmdPrefix 如下所示：

```
const char kRendererCmdPrefix[] = "renderer-cmd-prefix";
```

该参数允许在渲染器进程启动时添加一些额外的命令或选项。例如，可以设置这个参数为 valgrind，这样在渲染进程启动时，命令行前会加上 valgrind，这样就可以在渲染进程中使用 Valgrind 工具进行内存调试了。或者也可以将其设置为 xterm -e gdb --args，这样在渲染进程启动时，会有一个新的终端窗口被打开，并在其中启动 GDB 调试器，以便对渲染进程进行调试。

可根据编译时的平台宏定义来设置不同的标志。例如，在 Linux 或 Chrome OS 上，如果渲染器命令前缀为空，则将标志设置为 CHILD_ALLOW_SELF，否则设置为 CHILD_NORMAL。具体代码如下：

```
int flags = 0;
#if BUILDFLAG(IS_LINUX) || BUILDFLAG(IS_CHROMEOS)
    flags = renderer_prefix.empty() ?
    ChildProcessHost::CHILD_ALLOW_SELF : ChildProcessHost::CHILD_NORMAL;
#elif BUILDFLAG(IS_MAC)
    flags = ChildProcessHost::CHILD_RENDERER;
#else
    flags = ChildProcessHost::CHILD_NORMAL;
#endif
base::FilePath renderer_path = ChildProcessHost::GetChildPath(flags);
```

```
if (renderer_path.empty())
    return false;
```

根据设置的标志来获取渲染器的可执行文件路径,在 Windows 平台下,GetChildPath 函数会去获取一个名为--browser-subprocess-path 的开关,这个开关是执行渲染进程或者插件进程的可执行文件的路径,默认就是 chrome.exe 的路径。

接下来这段代码的主要目的是配置 GPU 相关的功能和磁盘缓存,以提高 Chromium 浏览器的性能或者实现其他相关的需求。它检查浏览器上下文是否处于"隐身模式"(OffTheRecord),以及当前进程是否禁用了 GPU 着色器磁盘缓存,如果都没有,就会配置 GPU 使用磁盘缓存来提高性能。具体代码如下:

```
gpu_client_->PreEstablishGpuChannel();
if (!GetBrowserContext()->IsOffTheRecord() &&
!base::CommandLine::ForCurrentProcess()
        ->HasSwitch(switches::kDisableGpuShaderDiskCache)) {
    ......
    gpu_client_->SetDiskCacheHandle(handle); }
```

然后调用函数 RenderProcessWillLaunch,该函数允许 Chromium 浏览器执行一些优先级高于 IPC 过滤器的初始化工作。具体代码如下:

```
GetContentClient()->browser()->RenderProcessWillLaunch(this);
...
GetRendererInterface()->InitializeRenderer( GetContentClient()->browser()
->GetUserAgentBasedOnPolicy(browser_context_),
GetContentClient()->browser()->GetUserAgentMetadata(),
storage_partition_impl_->cors_exempt_header_list(),
GetContentClient()->browser()->GetOriginTrialsSettings());
```

之后调用初始化渲染进程的函数,为渲染进程初始化了各类浏览器信息,如 UserAgent 和一些 Client Hints 信息,这些指纹信息可以在这里直接修改,具体代码如下:

```
std::string ContentBrowserClient::GetUserAgentBasedOnPolicy(
content::BrowserContext * content) {
    return GetUserAgent();
}
blink::UserAgentMetadata ContentBrowserClient::GetUserAgentMetadata() {
    return blink::UserAgentMetadata();
}
```

最后一部分代码包含一个条件分支,用于确定是以多进程的形式运行渲染进程还是将所有的渲染进程整合为一个单进程运行。如果将所有的渲染进程整合为一个单进程运行,则需要创建一个新的线程,并在该线程中运行初始化代码。这是为了避免在单进程模式下发生死锁,因为渲染进程的原始线程在运行 WebKit 代码时可能会阻塞 UI 线程。具体代码如下：

```
if (run_renderer_in_process()) {
    in_process_renderer_.reset(g_renderer_main_thread_factory(
    InProcessChildThreadParams(GetIOThreadTaskRunner({}),
    &mojo_invitation_),
    base::checked_cast<int32_t>(id_)));
    //配置新的线程选项
    base::Thread::Options options;
    options.message_pump_type = base::MessagePumpType::UI;
    OnProcessLaunched(); //模拟进程启动后的回调
    in_process_renderer_->StartWithOptions(std::move(options));
    g_in_process_thread = in_process_renderer_.get();
    channel_->Flush();
} else {
    ...
}
```

很明显,默认情况下渲染进程是以多进程的模式启动的,因此会走多进程运行渲染进程的分支。在该分支中,由于可以启动新的进程,因此会先对命令行进行单独的初始化,其中函数 AppendRendererCommandLine 就是专门给渲染进程添加命令行参数的,代码如下：

```
std::unique_ptr<base::CommandLine> cmd_line =
    std::make_unique<base::CommandLine>(renderer_path);
if (!renderer_prefix.empty())
    cmd_line->PrependWrapper(renderer_prefix);
AppendRendererCommandLine(cmd_line.get());
```

之后,针对不同的操作系统,代码有条件地进行编译。在 Windows 系统中,会创建一个专门的沙箱启动委托,用于管理进程的安全环境。参数包括命令行对象和 PDF 渲染相关的安全选项。其他操作系统则使用通用的启动委托。Windows 系统中的相关代码如下：

```
std::unique_ptr<SandboxedProcessLauncherDelegate> sandbox_delegate;
sandbox_delegate = std::make_unique    \
<RendererSandboxedProcessLauncherDelegateWin>    \
(*cmd_line, IsPdf(), IsPdf());
```

最后异步启动子进程,避免阻塞用户界面线程。Linux 系统还会预加载特定的文件,优化 V8 引擎的启动性能。通过调用 ChildProcessLauncher 类创建子进程,并传递必要参数,如沙箱设置、命令行参数、子进程 ID 和用于进程间通信的 Mojo 设置,这些参数共同作用,确保子进程能够正常启动并与主进程进行通信。具体实现代码如下：

```
auto file_data = std::make_unique<ChildProcessLauncherFileData>();
#if BUILDFLAG(IS_POSIX) && !BUILDFLAG(IS_MAC)
    file_data->files_to_preload = GetV8SnapshotFilesToPreload();
```

```
#endif
child_process_launcher_ = std::make_unique<ChildProcessLauncher>
( std::move(sandbox_delegate), std::move(cmd_line), GetID(),
this, std::move(mojo_invitation_), base::BindRepeating
(&RenderProcessHostImpl::OnMojoError, id_),
std::move(file_data), metrics_memory_region_.Duplicate());
...
```

到此为止，RenderProcessHostImpl 的初始化函数的源码就已经分析完毕，如果认真查看了该函数的初始化过程，不难发现 AppendRendererCommandLine 函数就是最佳的将传递给主进程的参数添加到渲染进程的函数。

3.3.2 添加渲染进程命令行

在 RenderProcessHostImpl::AppendRendererCommandLine 函数中，可以发现一开头的源码比较熟悉：

```
void RenderProcessHostImpl::AppendRendererCommandLine(
base::CommandLine* command_line) {
    command_line->AppendSwitchASCII(switches::kProcessType,
                                    switches::kRendererProcess);
```

很明显这里是在给子进程添加进程类型，而这个正是我们在 3.1.1 节中看到的第一个命令行参数。因此，可以选择在这里为渲染进程添加传递给主进程的命令行参数。

首先需要在头文件中导入相关依赖，代码如下：

```
//ruyi
#include "base/json/json_reader.h"
#include "base/values.h"
#include "third_party/abseil-cpp/absl/types/optional.h"
//ruyi 结束
```

接下来就是实际的命令行解析和添加了，代码如下：

```
//ruyi
const base::CommandLine* ruyi_command_line =
   base::CommandLine::ForCurretProcess();
if (ruyi_command_line->HasSwitch(switches::kRuyi)) {
   const std::string ruyi_fp =ruyi_command_line->
       GetSwitchValueASCII(switches::kRuyi);
   command_line->AppendSwitchASCII(switches::kRuyi, ruyi_fp);
}
//ruyi 结束
```

这里添加的代码很简单，首先获取当前主进程的命令行单例，接着判断是否存在之前定义的开关，如果存在，就把当前的这个开关的键值对添加到渲染进程的命令行参数上。

打开 Visual Studio，单击导航栏中的"调试"选项，在出现的菜单中单击"chrome 调试属性"选项，接着在命令参数编辑框中输入 switches 开关的值，如图 3-3 所示。

图 3-3　编辑命令参数

接着启动调试，打开操作系统任务管理器，找到对应的 Chromium 进程。不出所料，自定义的命令行参数出现在了渲染进程之后，如图 3-4 所示。

图 3-4　渲染进程命令行

到此为止，经过了整整一章的学习，终于在这一刻完成了从主进程到渲染进程的命令行参数的传递。如今，每个启动的渲染进程都将拥有自定义的命令行参数，而这些命令行参数在渲染进程的任何位置都是可以直接获取的，后边只需要找到要修改的指纹信息，就可以轻松将指纹传递过去，也就完成了指纹传参。

3.4　本章小结

本章详细探讨了在 Chromium 指纹浏览器开发过程中，渲染进程和参数传递的技术细节。Chromium 浏览器为了在整个运行周期内保持固定的浏览器指纹，需要在启动阶段就固定这些指纹参数。利用多进程架构的特点，Chromium 通过命令行传参、环境变量读取等多种方式来传递和固定指纹信息。

开发者可以在渲染进程启动前，通过修改或添加命令行参数来传递指纹信息，这些参数通过 RenderProcessHostImpl::AppendRendererCommandLine 函数添加到进程中。此外，通过控制进程命令行参数，可以在浏览器的不同模块间传递关键信息，保持数据的一致性和隐私性。总的来说，本章描述的技术手段不仅涉及底层的命令行工具使用，还包括了如 JSON 处理等高级特性，使得开发者可以更灵活地控制和扩展浏览器的功能，满足特定的业务需求。

第 4 章　Chromium 硬件指纹定制

当谈及当前浏览器指纹技术时,就不得不注意到其核心依赖硬件指纹,硬件指纹包括 Canvas 指纹、WebGL 指纹和 WebAudio 指纹等指纹信息。这些硬件指纹相关 API 的初衷是实现各种网页功能,如动画效果、游戏画面渲染、网页性能优化及语音通信等,而非用于用户身份验证或指纹识别。然而,正是由于这些 API 在不同操作系统平台和硬件设备下的实现存在着微妙的差异,因此产生的指纹特征也各不相同。但是同一个设备产生的硬件指纹较为稳定,这种特性可以被利用来识别不同用户的设备,从而实现跨浏览器、跨平台的追踪和辨识。

4.1　Canvas 指纹

4.1.1　Canvas 指纹概述

Canvas 指纹在浏览器中主要通过 Canvas API 进行获取,这类 API 原本设计用于在网页浏览器中进行图形绘制。它广泛应用于动画、游戏画面渲染、数据可视化、图片编辑及实时视频处理等领域。此外,Canvas API 也可以作为浏览器指纹识别的一种手段,用于在线跟踪用户。这一技术的实现依赖画布图像在不同网络浏览器和操作系统平台上呈现方式的微小差异,从而会生成用户浏览器的独特数字指纹。值得注意的是,在完全相同的设备环境下,Canvas API 可能会产生重复的指纹特征。

获取 Canvas 指纹主要是为了追踪用户的网上活动,这种追踪技术的使用可以不依赖传统的 Cookie,因此即使用户禁用了 Cookie,也仍然可以被追踪。这使得 Canvas 指纹成为广告商、数据分析公司乃至恶意追踪者用于收集数据的一种工具。

Canvas 指纹的生成过程受到多种因素的影响,其中抗锯齿技术和字体微调是两个核心技术。这些技术的实现和应用方式在不同的操作系统和浏览器中有所不同,从而产生了独特的图像输出,这些输出可以用作用户跟踪的指纹。这两个技术的详细介绍具体如下。

(1) 抗锯齿技术可以被类比为一种滤镜美化技术,如果操作系统未启用字体平滑功能,那么部分字体在计算机显示器上的显示效果可能不太好,看起来比较粗糙。通常情况下,Windows 操作系统默认启用字体和图像平滑功能;在 macOS 中,抗锯齿技术只对小于特定大小的字体有效。除了操作系统级别的设置外,一些浏览器还会内置自己的抗锯齿技术,例如,Safari 浏览器使用其内置的字体渲染引擎。此外,抗锯齿技术同样适用于在 Canvas 画布上绘制字体和图像的情况。如图 4-1 所示，左边没有抗锯齿技术，而右边启动了抗锯齿技术，可以直观地看出使用抗锯齿技术后字体平滑的效果。

抗锯齿技术的运用会在图像中生成一些非纯色的像素，这些像素处于中间状态，其颜色值受显卡的色彩配置文件的影响。因此，这些像素的颜色可能会存在细微差异，从而形成了所谓的噪声。当在足够大的画布中绘制相同的字体和图像并计算所有像素数据时，便可以获得相对唯一的指纹数据。

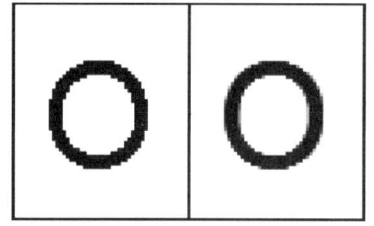

图 4-1　抗锯齿技术

（2）字体微调，又称为字体提示技术，主要是为了增强在低分辨率显示器上的文字的可读性。在这一过程中，字体的轮廓在光栅化（转换为像素格式）过程中会根据屏幕的像素网格进行调整。除了水平对齐，垂直对齐也同样重要，特别是在多语言文字渲染中。例如，中文、日文和韩文等语言在垂直对齐方面的要求可能与西文不同，从而为 Canvas 渲染引入了额外的复杂性。

4.1.2　Canvas 指纹获取

本节通过简单的 Canvas 测试来观察相同设备不同浏览器之间的差异。使用 JavaScript 代码在 Canvas 上绘制同一段文字，然后提取并比较这些文字的像素数据，可以发现在相同的操作系统和硬件设备中，不同浏览器也会产生相同的指纹数据。这一特性为 Canvas 指纹提供了基础，也引出了其在用户隐私保护方面的潜在风险。

使用 JavaScript 获取 Canvas 指纹的代码如下：

```
function generateCanvasFingerprint() {
    var canvas = document.createElement('canvas');
    var ctx = canvas.getContext('2d');
    var width = canvas.width = 200;
    var height = canvas.height = 50;
//配置 Canvas 图像属性
ctx.textBaseline = 'top';
ctx.font = '14px "Arial"';
ctx.textBaseline = 'alphabetic';
ctx.fillStyle = '#f60';
ctx.fillRect(125,2,62,20);
ctx.fillStyle = '#069';
ctx.fillText('canvas fingerprint', 2, 15);
ctx.fillStyle = 'rgba(102, 204, 0, 0.7)';
ctx.fillText('canvas fingerprint', 4, 17);

//返回结果
return canvas.toDataURL();
}
//示例
```

```
var canvasFingerprint = generateCanvasFingerprint();
console.log(btoa(canvasFingerprint).substring(0, 100));
```

在浏览器的开发者工具中运行这段代码，它会使用 Canvas 绘制一张 2D 图片，并且写上特定的文字，最后把结果以 base64 形式输出，并获取了前 100 个字符。

图 4-2 所示是在 Edge 浏览器和 Chromium 浏览器中分别运行同一段 Canvas 指纹获取代码的结果对比。

图 4-2 Canvas 指纹获取代码的结果对比

可以发现，即便是在不同的浏览器中获取 Canvas 指纹，该指纹依然呈现出良好的稳定性。这类硬件指纹可以很好地和用户设备相关联，从而可以跨浏览器检测同一个用户的指纹信息。

4.1.3 Canvas 指纹修改

要修改 Canvas 指纹，需要从 JavaScript 层面的指纹获取入手。从 4.1.2 节的 Canvas 指纹获取示例可知，Canvas 指纹创建了一个 Canvas 的 2D 画布，并且使用各类 API 向其中填充内容，最后使用 toDataURL 将其转换为 base64 形式的图片。因此，想要对最终的 Canvas 指纹结果进行修改，只需要对上述过程中的任意 API 进行微调，就可影响最终结果。

首先修改 Canvas 画布的大小，代码如下：

```
var width = canvas.width = 200;
var height = canvas.height = 50;
```

既然画布可以指定大小，那么可以在 Chromium 的渲染引擎初始化该 Canvas 画布时就对其宽高进行增减，最后生成的画布大小和之前的大小有区别，生成的指纹信息自然也不一样。由于该 Canvas 画布属于前端 DOM，因此相关引擎位于 Blink 渲染引擎中，而且位于和前端 DOM 有密切联系的 core 文件夹中。此外，Canvas 画布是被渲染在 html 中的，因此它的文件目录为 third_party\blink\renderer\core\html\canvas。接下来，可以很容易地定位到它的 Chromium 层的源码，在 JavaScript 层中是设置其宽高，在 Blink 内部也一样，具体代码如下：

```cpp
void HTMLCanvasElement::setHeight(unsigned value,
        ExceptionState& exception_state) {
    if (IsOffscreenCanvasRegistered()) {
        exception_state.ThrowDOMException(
            DOMExceptionCode::kInvalidStateError,
            "Cannot resize after call to transferControlToOffscreen().");
        return;
    }
    SetUnsignedIntegralAttribute(html_names::kHeightAttr, value,
                                 kDefaultCanvasHeight);
}
void HTMLCanvasElement::setWidth(unsigned value,
       ExceptionState& exception_state) {
    if (IsOffscreenCanvasRegistered()) {
        exception_state.ThrowDOMException(
            DOMExceptionCode::kInvalidStateError,
            "Cannot resize after call to transferControlToOffscreen().");
        return;
    }
    SetUnsignedIntegralAttribute(html_names::kWidthAttr, value,
                                 kDefaultCanvasWidth);
}
```

以设置 Canvas 画布的高度为例，setHeight 函数接收两个参数：无符号整数 value 表示新的高度值；引用 exception_state 来处理异常情况。之后检测该画布是否注册为离屏画布，如果画布已经被注册为离屏画布（即已经调用了 transferControlToOffscreen），则抛出一个 DOM 异常 InvalidStateError，这表示一旦画布控制权转移到离屏模式后，不能再调整其大小，并提前返回。最后调用 SetUnsignedIntegralAttribute 来更新画布的 height 属性。这个函数接收属性名、新的属性值和一个默认值，该默认值是在新的属性值为 0 或未定义时才使用的值。

第 3 章已经完成了从主进程到渲染进程的命令行参数的传递，那么接下来只需要在当前渲染进程中直接获取指定的指纹参数即可。可以在启动时指定以下命令行参数：

```
chrome.exe  --ruyi="{\"canvas_height\":1.0}"
```

这里传递的是一个 JSON 格式的字符串，在源码中只需要读取 JSON 来获取对应的浮点数即可。可以选择将传输的浮点数加到 Canvas 画布设置高度的地方，从而完成画布大小的修改，代码如下：

```cpp
//ruyi
const base::CommandLine* ruyi_command_line =
        base::CommandLine::ForCurrentProcess();
if (ruyi_command_line->HasSwitch(blink::switches::kRuyi)) {
    const std::string ruyi_fp = ruyi_command_line->
```

```
                GetSwitchValueASCII(blink::switches::kRuyi);
    absl::optional<base::Value> json_reader =
        base::JSONReader::Read(ruyi_fp);
    double canvas_height = * (json_reader->GetDict().FindDouble
        ("canvas_height"));
    value += canvas_height;
}
//ruyi 结束
SetUnsignedIntegralAttribute(html_names::kHeightAttr, value,
                             kDefaultCanvasHeight);
```

在获取了当前渲染进程的命令行单例之后，首先判断是否存在定义的 ruyi 开关，如果存在 ruyi 开关就获取，之后交给 JSON 进行解析，再获取对应的 Canvas 画布大小偏移，将其加到原先的画布大小之上，这样在启动 Chromium 浏览器的时候，就会发现画布大小比设置的要大，那么本次的 Canvas 指纹自然也就和上次的不同了。

此外，不要忘记在本文件的头部引入头文件，否则代码会编译不通过，代码如下：

```
//ruyi
#include "base/command_line.h"
#include "third_party/blink/public/common/switches.h"
#include "base/json/json_reader.h"
#include "base/values.h"
#include "third_party/abseil-cpp/absl/types/optional.h"
//ruyi 结束
```

接下来，在编译后的 Chromium 浏览器开发者工具中输入如图 4-3 所示的代码，可以看到高度已经发生了改变。

```
>   var canvas = document.createElement('canvas');
    var ctx = canvas.getContext('2d');

    // Set canvas dimensions (resolution)
    var width = canvas.width = 200;
    var height = canvas.height = 50;
    console.log(canvas)

    <canvas width="200" height="51">
```

图 4-3　Canvas 指纹高度修改

Chromium 浏览器的 Canvas 指纹被成功改变。需要注意的是，由于指纹检测千变万化，并非改了一个点就对所有网站通用，因此尽可能修改较多的可修改指纹的地方，才可能做到较高的通用性。

再修改 Canvas 指纹中的函数 fillRect，该函数接收 4 个参数，分别是 x 坐标、y 坐标、宽度和高度。如图 4-4 所示，这个函数会绘制已填色的矩形，默认的填充颜色是黑色。可以使用 fillStyle 来设置用于填充绘图的颜色、渐变和模式，这里使用 fillStyle 将其设置为橘黄色。

fillRect 的修改不在之前的 canvas 目录下，而是位于 third_party/blink/renderer/

```
<!DOCTYPE html>
<html>
<body>

<canvas id="myCanvas" width="300" height="150"
style="border:1px solid #d3d3d3;">
Your browser does not support the HTML5 canvas tag.
</canvas>

<script>

var c=document.getElementById("myCanvas");
var ctx=c.getContext("2d");
ctx.fillStyle = '#f60';
ctx.fillRect(50,50,200,50);

</script>

</body>
</html>
```

图 4-4　fillRect 效果演示

modules/canvas/canvas2d 中，打开其中的 base_rendering_context_2d.cc 文件，就可看到其中存在 fillRect。fillRect 不在 core 目录而在 modules 目录中是因为它并不属于 Canvas 画布，而属于 2D 绘图，所以单独分出了一个模块。这个函数接收 4 个参数：x 和 y 是矩形左上角的坐标，width 和 height 是矩形的宽度和高度，代码如下所示：

```
void BaseRenderingContext2D::fillRect(double x,
                                      double y,
                                      double width,
                                      double height) {
    if (!ValidateRectForCanvas(x, y, width, height))
        return;
    if (!GetOrCreatePaintCanvas())
        return;
```

这段代码会检查传入的矩形参数是否有效。如果参数无效（如宽度或高度为负），则直接返回，不执行任何绘图操作。之后代码会尝试获取或创建一个画布 PaintCanvas，如果画布不存在且无法创建，则函数返回。

接着使用 identifiability_study_helper_ 来进行"可识别性研究"，这是一种用于测量和优化隐私保护的技术。如果当前操作被认为需要更新研究数据，则需要记录当前的绘图操作，实现代码如下：

```
if (UNLIKELY(identifiability_study_helper_.ShouldUpdateBuilder())) {
    identifiability_study_helper_.UpdateBuilder(CanvasOps::kFillRect, x, y,
width, height);}
```

之后的代码会检查是否使用加速绘图。如果当前状态是加速的，但填充模式中的图案没有加速，则禁用加速并记录 GPU 到 CPU 的回退，这可能是因为模式太大，无法高效地在 GPU 上渲染。实现代码如下：

```
if (IsAccelerated() &&
    GetState().HasPattern(CanvasRenderingContext2DState::kFillPaintType)
&&!GetState().PatternIsAccelerated(
CanvasRenderingContext2DState::kFillPaintType)) {
    DisableAcceleration();
    base::UmaHistogramEnumeration(
        "Blink.Canvas.GPUFallbackToCPU",
        GPUFallbackToCPUScenario::kLargePatternDrawnToGPU);
}
```

AdjustRectForCanvas 会调整矩形的大小和位置,确保其在画布的有效绘制区域内。ClampTo 会确保坐标和大小值在有效的浮点数范围内,代码如下:

```
AdjustRectForCanvas(x, y, width, height);
gfx::RectF rect(ClampTo<float>(x), ClampTo<float>(y),
    ClampTo<float>(width),ClampTo<float>(height));
```

接下来是一个模板函数,用于在 Canvas 上绘制矩形。该模板的参数包括一个用于绘制矩形的函数、一个用于测试重叠的 lambda 函数、矩形的位置和大小、填充类型及绘制类型,具体代码如下:

```
Draw<OverdrawOp::kNone>(
//绘制矩形的函数。它接收一个指向画布和画笔标志的指针,并在画布上绘制指定的矩形图案
    [rect](cc::PaintCanvas* c, const cc::PaintFlags* flags)
    { c->drawRect(gfx::RectFToSkRect(rect), *flags); },
//测试重叠的函数。它接收一个剪辑边界的矩形,并检查给定的矩形是否与剪辑矩形相交
    [rect, this](const SkIRect& clip_bounds)
    { return RectContainsTransformedRect(rect, clip_bounds); },
    rect, CanvasRenderingContext2DState::kFillPaintType,
//检查填充类型是否包含图案的条件语句,根据条件选择合适的绘制类型
    GetState().HasPattern(CanvasRenderingContext2DState::kFillPaintType)
        ? CanvasRenderingContext2DState::kNonOpaqueImage
        : CanvasRenderingContext2DState::kNoImage,
//这是绘制类型,表示要绘制的图形类型为矩形
    CanvasPerformanceMonitor::DrawType::kRectangle);
}
```

通过源码研究可以发现,如果要对该函数内的参数进行修改,只需要保持参数在合理范围之内,在此前提下,在任意位置修改任一参数,都能改变最终的绘制效果。这里选择对其中的 y 坐标进行修改,在原有基础上进行增加,增加的代码如下:

```
//ruyi
const base::CommandLine* ruyi_command_line =
        base::CommandLine::ForCurrentProcess();
if (ruyi_command_line->HasSwitch(blink::switches::kRuyi)) {
    const std::string ruyi_fp = ruyi_command_line->
```

```
            GetSwitchValueASCII(blink::switches::kRuyi);
    absl::optional<base::Value> json_reader =
        base::JSONReader::Read(ruyi_fp);
    double canvas_y = *(json_reader->GetDict().FindDouble("canvas_y"));
    y = y + canvas_y;
}
//ruyi 结束
```

在进行命令行传参时,只需要进行如下传递即可:

```
chrome.exe  --ruyi="{\"canvas_y\":1.0}"
```

当然,读者也可以对其他 3 个参数进行修改,只要修改的数值在合理范围之内,都可以完成指纹修改。

接下来,为了保证 Canvas 指纹修改的完整性,即修改过后也对大多数网站都适用,可以继续对 toDataURL 进行定制,它就是 Canvas 指纹获取中的返回值,代码如下:

```
return canvas.toDataURL();
```

在 JavaScript 中,toDataURL 用于将 Canvas 元素中的内容转换为 DataURL 格式的字符串。DataURL 是一种表示图片的文本字符串,以 data:image/png;base64,开头,后面跟随着图片数据的 base64 编码。源码中 toDataURL 的代码如下:

```
String ImageDataBuffer::ToDataURL(const ImageEncodingMimeType mime_type,
const double& quality) const {
    DCHECK(is_valid_);
    Vector<unsigned char> result;
    if (!EncodeImageInternal(mime_type, quality, &result, pixmap_))
        return "data:,";
    return "data:" + ImageEncodingMimeTypeName(mime_type) + ";base64," +
    Base64Encode(result);
}
```

可以看出这个函数能将 Canvas 上的绘图内容导出为一个 base64 编码的链接,这样就可以实现将 Canvas 中的图像保存到本地文件或者发送到服务器等的操作。要对其进行定制化修改,只需要对 base64 编码的 result 进行修改即可,实现代码如下:

```
absl::optional<base::Value> json_reader = base::JSONReader::Read(ruyi_fp);
double canvas_y = *(json_reader->GetDict().FindDouble("canvas_y"));
result.back() = (unsigned char)canvas_y;
```

这里可以直接复用之前传递的命令行参数,接着对 result 容器中最后一个元素进行修改替换,这样就完成了 toDataURL 的修改。但是这样修改有一个坏处,那就是会导致生成的 base64 图片损坏。

4.2　WebGL 指纹

4.2.1　WebGL 指纹概述

当在浏览器打开的网页上浏览内容时,看到的大多是平面的、静态的图像和文字。但是有时想要在网页上看到更加生动、立体的图像,如 3D 游戏、虚拟现实应用等。这时就需要用到 WebGL 了。

简单来说,WebGL 是一种在网页浏览器中运行的技术,它可以通过计算机程序在网页上展示出立体的、动态的图像。它基于 OpenGL(一种专门用于处理图形的开放标准)。使用 WebGL 可以在网页上创建各种各样的 3D 场景和动画。例如,可以在网页上创建一个旋转的立方体,或者一个飞行的飞机,甚至是一个完整的 3D 游戏世界,这些都是通过编写一些特殊的程序代码来实现的,这些代码会告诉浏览器如何绘制图像,并且如何根据用户的操作来进行交互。WebGL 的一个很大的优势是,它可以在几乎所有现代的网页浏览器上运行,而且不需要用户安装任何额外的插件或软件。这意味着,无论你使用的是计算机、平板电脑还是手机,只要有一个支持 WebGL 的浏览器,就可以享受到生动的 3D 图像。

浏览器中的 WebGL 指纹是一种用于识别和跟踪用户的浏览器技术。它先获取浏览器在使用 WebGL 时的硬件和软件配置信息,如显卡型号、驱动版本、操作系统等,然后通过这些信息生成一个唯一的标识符来进行识别和跟踪。由于每台计算机的硬件和软件配置都不相同,因此生成的 WebGL 指纹是唯一的,可以用来识别用户的设备。

图 4-5 所示的是作者使用的计算机在 browserleaks 网站上查看的 WebGL 指纹信息,可以看出该指纹信息搜集的是 WebGL 上下文和显卡相关信息。因此,如果想修改 WebGL 指纹,只需要对这类硬件信息进行修改即可。

图 4-5　WebGL 指纹展示

4.2.2 WebGL 指纹获取

本节会编写一个 JavaScript 指纹检测脚本来获取 WebGL 相关信息，从而得出浏览器的 WebGL 指纹。通过明晰指纹获取的流程，可以更容易地找到指纹的修改点。以下是获取浏览器 WebGL 指纹信息的 JavaScript 代码：

```javascript
function getUnmaskedInfo() {
  var canvas = document.createElement('canvas');
  var gl;
  //获取 WebGL 上下文
  try {
      gl = canvas.getContext('webgl') ||
          canvas.getContext('experimental-webgl');
  }
catch (e) {
      return "WebGL not supported or disabled";
  }
  if (!gl) {
      return "WebGL not supported or disabled";
  }
  var unmaskedVendor = "";
  var unmaskedRenderer = "";
  var extensions = gl.getSupportedExtensions();
  if (extensions.indexOf(
'WEBGL_debug_renderer_info')
!== -1) {
      var debugInfo = gl.getExtension('WEBGL_debug_renderer_info');
      unmaskedVendor = gl.getParameter(debugInfo.UNMASKED_VENDOR_WEBGL);
       unmaskedRenderer = gl.getParameter(debugInfo.UNMASKED_RENDERER_WEBGL);
  } else {
      return "WEBGL_debug_renderer_info extension not supported";
  }
  var info = {
      "Unmasked Vendor": unmaskedVendor,
      "Unmasked Renderer": unmaskedRenderer
  };
  info.vendor = gl.getParameter(gl.VENDOR);
  info.renderer = gl.getParameter(gl.RENDERER);
  info.version = gl.getParameter(gl.VERSION);
  info.maxTextureSize = gl.getParameter(gl.MAX_TEXTURE_SIZE);
  info.maxRenderBufferSize = gl.getParameter(gl.MAX_RENDERBUFFER_SIZE);
  info.maxViewportDims = gl.getParameter(gl.MAX_VIEWPORT_DIMS);
  info.extensions = gl.getSupportedExtensions();
  return info;
}
//调用函数并输出结果
```

```
var unmaskedInfo = getUnmaskedInfo();
console.log(unmaskedInfo);
```

将上述代码在浏览器中运行，即可打印出 WebGL 的相关信息。WebGL 指纹是通过搜集如图 4-6 所示的信息，将其经过特殊编码后生成哈希值，从而得到用户的浏览器指纹信息的。

```
{Unmasked Vendor: 'Google Inc. (Intel)', Unmasked Renderer: 'ANGLE (Intel, Intel(R) UHD Graphics (0x00009BA4) Direct3D11 vs_5_0 ps_5_0, D3D11)', vendor: 'WebKi
t', renderer: 'WebKit WebGL', version: 'WebGL 1.0 (OpenGL ES 2.0 Chromium)', …}
  Unmasked Renderer: "ANGLE (Intel, Intel(R) UHD Graphics (0x00009BA4) Direct3D11 vs_5_0 ps_5_0, D3D11)"
  Unmasked Vendor: "Google Inc. (Intel)"
▶ extensions: (35) ['ANGLE_instanced_arrays', 'EXT_blend_minmax', 'EXT_clip_control', 'EXT_color_buffer_half_float', 'EXT_depth_clamp', 'EXT_disjoint_timer_quer
  maxRenderBufferSize: 16384
  maxTextureSize: 16384
▶ maxViewportDims: Int32Array(2) [32767, 32767, buffer: ArrayBuffer(8), byteLength: 8, byteOffset: 0, length: 2, Symbol(Symbol.toStringTag): 'Int32Array']
  renderer: "WebKit WebGL"
  vendor: "WebKit"
  version: "WebGL 1.0 (OpenGL ES 2.0 Chromium)"
▶ [[Prototype]]: Object
```

图 4-6　WebGL 指纹详细信息

上面这段代码是用于获取用户浏览器中 WebGL 相关信息的函数。在这段代码中，getUnmaskedInfo 首先创建一个 Canvas 元素，然后尝试获取 WebGL 上下文。如果获取成功，则尝试获取更多的 WebGL 相关信息，如厂商、渲染器、版本等，并返回一个包含这些信息的对象。如果获取不成功，则返回相应的错误信息。最后，该段代码通过调用 getUnmaskedInfo 来获取浏览器中的 WebGL 信息，并将其打印到控制台中。

利用这些 WebGL 信息，就可以生成任意编码的值来作为指纹信息，并将这些指纹信息传递给网站服务端进行判别。

4.2.3　WebGL 指纹修改

由于 WebGL 相关信息众多，因此要想成功修改 WebGL 指纹，需要对要进行指纹修改的网站进行具体分析，了解搜集到的指纹信息后再对症下药，这样才能顺利完成指纹修改。本节将带领读者修改 WebGL 中的 Debug Renderer info 信息，具体如下：

```
unmaskedVendor = gl.getParameter(debugInfo.UNMASKED_VENDOR_WEBGL);
unmaskedRenderer = gl.getParameter(debugInfo.UNMASKED_RENDERER_WEBGL);
```

gl.getParameter 是 WebGL API 中的一个函数，用于获取特定参数的当前值。它接收一个参数，该参数指定要查询的信息类型，并返回相应的值。UNMASKED_VENDOR_WEBGL 用于获取 WebGL 渲染上下文的厂商信息，而 UNMASKED_RENDERER_WEBGL 用于获取渲染器信息。通常情况下，修改这两个值，WebGL 相关指纹信息就会发生改变。

WebGL 指纹信息的代码文件位于 src\third_party\blink\renderer\modules\webgl 中，其中的 webgl_rendering_context_base.cc 文件包含了最基础的 WebGL 渲染信息。

先来修改其中的 vendor 厂商信息，具体代码如下：

```
case WebGLDebugRendererInfo::kUnmaskedVendorWebgl:
  if (ExtensionEnabled(kWebGLDebugRendererInfoName)) {
```

```
    if (IdentifiabilityStudySettings::Get()->ShouldSampleType(
          blink::IdentifiableSurface::Type::kWebGLParameter)) {
      RecordIdentifiableGLParameterDigest(
          pname, IdentifiabilityBenignStringToken(
                   String(ContextGL()->GetString(GL_VENDOR))));
    }
    return WebGLAny(script_state,
                    String(ContextGL()->GetString(GL_VENDOR)));
  }
  SynthesizeGLError(
      GL_INVALID_ENUM, "getParameter",
      "invalid parameter name, WEBGL_debug_renderer_info not enabled");
  return ScriptValue::CreateNull(script_state->GetIsolate());
```

可以看出，该代码判断到条件语句 WebGLDebugRendererInfo::kUnmaskedVendorWebgl 的时候，会判别 kWebGLDebugRendererInfoName 扩展是否已经启用，该拓展可以提供额外的 WebGL 渲染器信息。根据扩展是否被启用，有以下两种情况。

（1）启用了扩展：如果启用，代码进一步获取显卡供应商的信息，并记录这些信息以用于标识能力研究。这个扩展提供了一种方式来获取通常不公开的详细的 WebGL 渲染器信息。

（2）未启用拓展：如果扩展没有被启用，代码则会生成一个错误。错误指出无法获取请求的参数以及原因，即相关的调试扩展没有启用。随后，代码返回一个空值作为函数的结果，表明操作未能成功执行。

要修改此处的 WebGL 厂商信息，可以选择在启用拓展时进行修改，如果未启用就返回空值。通过传递名为 webgl_vendor 的命令行参数，即可完成厂商信息的修改。实现代码如下：

```
//ruyi
const base::CommandLine* ruyi_command_line =
        base::CommandLine::ForCurrentProcess();
if (ruyi_command_line->HasSwitch(blink::switches::kRuyi)) {
    const std::string ruyi_fp = ruyi_command_line->
            GetSwitchValueASCII(blink::switches::kRuyi);
    absl::optional<base::Value> json_reader =
            base::JSONReader::Read(ruyi_fp);
    std::string webgl_vendor =
        *(json_reader->GetDict().FindString("webgl_vendor"));
    return WebGLAny(script_state,String(webgl_vendor));
}
//ruyi 结束
```

接下来讲解显卡信息，代码如下：

```
case WebGLDebugRendererInfo::kUnmaskedRendererWebgl:
    if (ExtensionEnabled(kWebGLDebugRendererInfoName)) {
```

```cpp
if (IdentifiabilityStudySettings::Get()->ShouldSampleType(
        blink::IdentifiableSurface::Type::kWebGLParameter)) {
  RecordIdentifiableGLParameterDigest(
      pname, IdentifiabilityBenignStringToken(
                 String(ContextGL()->GetString(GL_RENDERER))));
}
return WebGLAny(script_state,
                String(ContextGL()->GetString(GL_RENDERER)));
}
SynthesizeGLError(
    GL_INVALID_ENUM, "getParameter",
    "invalid parameter name, WEBGL_debug_renderer_info not enabled");
return ScriptValue::CreateNull(script_state->GetIsolate());
```

可以看出以上代码的结构是和修改厂商信息的没有太大区别的，依然可以在启用拓展的情况下对其中的显卡信息返回值进行定制修改。

4.3 WebAudio 指纹

4.3.1 WebAudio 指纹概述

浏览器中的 WebAudio API 提供了丰富的功能，其中包括了大量用于生成和处理音频数据的 API。WebAudio API 的音频指纹技术是一种利用音频信号的特征来唯一标识音频的技术。WebAudio API 提供了丰富的音频处理功能，包括合成、过滤、分析等，通过一系列功能组合，该 API 可以使生成的音频指纹具有一定的独特性。生成音频指纹的过程通常涉及对音频数据进行数学运算或特征提取，这使得生成的指纹在一定程度上是稳定的，即使音频本身有一定的变化也不会影响其唯一性。而且 WebAudio API 提供了实时处理音频数据的能力，从而可以用于实时生成和识别音频指纹。

WebAudio API 主要用在 AudioContext 上下文中，在进行任何其他操作之前，始终需要先创建一个 AudioContext 的实例，如图 4-7 所示。

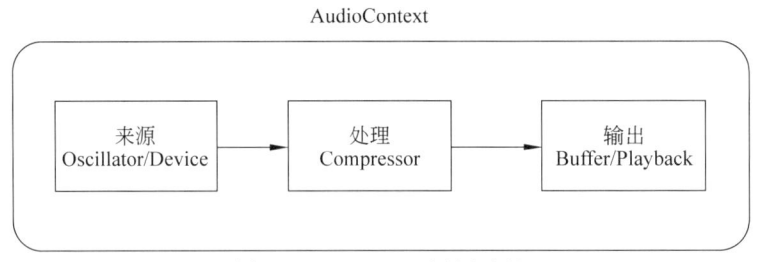

图 4-7　WebAudio 调用过程

在有了音频来源之后，通过节点压缩，就可以得到 Buffer 输出了。在实际的 WebAudio API 操作过程中，通用的做法是创建单个 AudioContext 实例，并在所有后续处理中重复使用它。每个 AudioContext 实例都具有一个目标属性，该属性用于表示该上下文中所有音频的目标。此外,还存在一种特殊类型的 AudioContext,即 OfflineAudioContext。在获取音频指纹时通常选择创建 OfflineAudioContext,主要原因在于它不会将音频呈现给硬件设备,而是快速生成音频并将其保存到 AudioBuffer 中。因此,OfflineAudioContext 的目标是内存中的数据结构,而常规的 AudioContext 的目标是音频设备。

创建 OfflineAudioContext 实例时,需要传递以下 3 个参数。

(1) 通道数:通道数表示音频数据中的声道数量。在数字音频中,通常有单声道和立体声两种通道配置。单声道通常用于单一音频源,而立体声则包含左右两个独立的声道,用于模拟左右声源的位置和方向。还可以扩展到更多声道,如环绕声,以提供更加沉浸式的音频体验。

(2) 样本总数:样本总数指的是音频数据包含的采样数量。音频数据是通过对连续时间信号进行采样来获取的,每个采样点对应着一个特定时间点上的音频振幅值。样本总数决定了音频的持续时间,即音频的长度。采样率和样本总数共同决定了音频的时长,样本总数越多,音频的时长就越长。

(3) 采样率:采样率表示每秒对声音信号进行采样的次数,单位为赫兹(Hz),采样率决定了数字音频的精度、质量及其能够表示的频率范围。常见的标准采样率有 44.1kHz 和 48kHz,它们通常用于 CD 音质和音频制作。更高的采样率(如 96kHz 或 192kHz)可以提供更高的音频质量和更广的频率响应范围,但也会增加文件大小。

Oscillator 振荡器是一种产生周期性波形的电子设备或软件组件。在音频领域中,振荡器通常用于生成声音信号的基础波形,如正弦波、方波、锯齿波等。这些基础波形可用于合成各种声音,是合成器和音频处理中的重要组件之一。振荡器通过产生连续的电压或数字信号来生成波形。在软件中,振荡器通常是由算法来模拟的,这些算法根据所需的波形形状和参数生成连续的样本值。在处理音频时需要一个音频来源,振荡器是一个很好的选择,因为它是通过数学方法生成样本的,可以生成指定频率的周期波形。

压缩节点是一种用于动态范围压缩的节点类型。它可以降低音频信号的动态范围,即减小最响亮部分与最安静部分之间的差异,从而提高音频的平均音量并减少峰值。压缩节点通常用于音频信号处理的动态范围控制,以确保音频在播放过程中的一致性和平衡。压缩节点通常作为音频处理图中的一个节点,与其他节点(如声音源、效果器等)连接在一起,以对输入信号进行压缩处理。通过调整压缩节点的参数,可以控制压缩的程度和效果,从而实现对音频信号动态范围的调节和控制。

AudioBuffer 是 WebAudio API 中表示音频数据的数据结构。它用于存储音频样本的实际数据,并提供了一组函数来访问和操作这些数据。在 WebAudio API 中,AudioBuffer 通常作为音频源节点的输入,用于播放音频或将其传递给其他音频处理节点以进行进一步处理。AudioBuffer 包含音频数据的实际样本,这些样本表示音频波形在离散时间点上的振幅值。音频数据可以有多种来源,如从服务器加载、用户录制或通过 WebAudio API 生成。每个 AudioBuffer 实例都有固定的采样率和通道数。这些属性在 AudioBuffer 被创建时就已指定,它们决定了 AudioBuffer 中存储的音频数据的格式和结构。此外,AudioBuffer 提供了一组函数来访问和操作存储的音频数据。例如,可以使用 getChannelData 获取特定通道的音频数据,并使用 set 修改音频数据的值。这些函数使得用户可以直接对音频数据进行编辑和处理，如音频混合、剪辑、变速、变调等操作。AudioBuffer 通常作为音频源节点的输入，用于播放音频或将音频传递给其他音频处理节点进行进一步处理。要播放或处理存储在 AudioBuffer 中的音频数据，可以创建一个 AudioBufferSourceNode，并将 AudioBuffer 作为 AudioBufferSourceNode 的缓冲区传递过去，这样，音频数据就可以在音频图中进行播放，或者进一步传递到其他音频节点进行处理。由于音频数据以二进制格式存储在 AudioBuffer 中，因此可以在 WebAudio API 中高效地进行音频处理操作，而无须频繁地将数据从 JavaScript 代码中复制到 WebAudio API 中。

在 WebAudio 指纹的计算过程中，一般先使用 OfflineAudioContext 上下文，接着设置特殊的振荡器来作为音频源，在经过压缩节点操作之后，就可以使用 getChannelData 来获取生成的 AudioBuffer 了，指纹就是通过对该 Buffer 的计算得到的。

4.3.2　WebAudio 指纹获取

本节会使用 JavaScript 脚本来编写一个获取 WebAudio 音频信息的脚本。该脚本利用 JavaScript 的 WebAudio API 来生成和处理音频数据，最终目的是生成一个音频哈希值和一个从特定样本范围内计算得到的输出值。具体代码如下：

```javascript
let audioContext = new (window.OfflineAudioContext ||
window.webkitOfflineAudioContext)(1, 44100, 44100);
let outputValue;
if (!audioContext) {
    outputValue = 0;
} else {
    let oscillator = audioContext.createOscillator();
    oscillator.type = "triangle";
    oscillator.frequency.value = 10000;

    let compressor = audioContext.createDynamicsCompressor();
    if (compressor.threshold) compressor.threshold.value = -50;
    if (compressor.knee) compressor.knee.value = 40;
    if (compressor.ratio) compressor.ratio.value = 12;
    if (compressor.reduction) compressor.reduction.value = -20;
    if (compressor.attack) compressor.attack.value = 0;
    if (compressor.release) compressor.release.value = 0.25;
    oscillator.connect(compressor);
    compressor.connect(audioContext.destination);
    oscillator.start(0);
    audioContext.startRendering();
    audioContext.oncomplete = function(event) {
        outputValue = 0;
        let renderedBuffer = event.renderedBuffer.getChannelData(0);
        let bufferAsString = '';
        for (let i = 0; i < renderedBuffer.length; i++) {
            bufferAsString += renderedBuffer[i].toString();
```

```
        }
        let fullBufferHash = hash(bufferAsString);
        console.log('Full buffer hash: ' + fullBufferHash);
        for (let i = 4500; i < 5000; i++) {
            outputValue += Math.abs(renderedBuffer[i]);
        }
        console.log('Output value: ' + outputValue);
        compressor.disconnect();
    };
}
```

前两行代码创建了一个 OfflineAudioContext 实例。使用离线音频上下文允许程序处理和渲染音频数据而不实时播放。使用 window.OfflineAudioContext 或 window.webkitOfflineAudioContext 确保代码兼容不同的浏览器。使用 createOscillator 创建一个振荡器，用于生成音频信号。使用 createDynamicsCompressor 创建一个动态压缩器节点，该节点用于减少音频信号的动态范围。然后将振荡器连接到压缩器，压缩器再连接到音频上下文的输出。

当渲染完成后，oncomplete 定义的函数被调用，getChannelData 用于获取渲染后的音频数据，接着将音频数据转换为字符串，并计算其哈希值。代码最后计算了特定样本范围内的数据的绝对值之和，这个数是音频指纹常用的指纹数字。

4.3.3　WebAudio 指纹修改

从 4.3.2 节的代码可以看出，音频指纹的修改点很多，但最终是使用 getChannelData 来获取渲染后的音频数据的，可以选择该函数作为音频指纹修改点。可以对其中的音频数组进行遍历修改，修改过的音频数组与原先的音频数组不同，生成的音频指纹也就不一样了。

WebAudio 相关的 Chromium 源码位于 src\third_party\blink\renderer\modules\webaudio 目录中，重点要修改的是 AudioBuffer 相关的，可选择其中的 audio_buffer.cc 文件作为指纹定制的文件。

getChannelData 有两个重载，具体代码如下：

```
NotShared<DOMFloat32Array> AudioBuffer::getChannelData(
    unsigned channel_index,
    ExceptionState& exception_state) {
  if (channel_index >= channels_.size()) {
    exception_state.ThrowDOMException(
        DOMExceptionCode::kIndexSizeError,
        "channel index (" + String::Number(channel_index) +
            ") exceeds number of channels (" +
            String::Number(channels_.size()) + ")");
    return NotShared<DOMFloat32Array>(nullptr);
  }
  return getChannelData(channel_index);
```

```
}
NotShared<DOMFloat32Array> AudioBuffer::getChannelData(unsigned channel_
index) {
  if (channel_index >= channels_.size()) {
    return NotShared<DOMFloat32Array>(nullptr);
  }
  return NotShared<DOMFloat32Array>(channels_[channel_index].Get());
}
```

从 JavaScript 代码获取音频指纹时,由于只传递了一个参数,因此选择第二个函数作为切入函数。该函数用于获取音频缓冲区中特定通道的数据。其中的函数签名如下。

(1) NotShared<DOMFloat32Array>:返回类型是 NotShared 包装的 DOMFloat32Array 对象。NotShared 是一种智能指针,表示该对象不应与其他对象共享。

(2) AudioBuffer:::表明该函数是 AudioBuffer 类的成员。

(3) getChannelData:接收一个无符号整数参数 channel_index,该参数表示要获取的数据通道索引。

检查传入的通道索引 channel_index 是否超出了音频通道的数量。如果超出了有效范围,则表示请求的通道不存在,否则将获取到的通道数据包装成 DOMFloat32Array 对象并返回。

由此可见,可以在最后的通道数据正式返回之前,对里边的数据进行遍历。在挨个进行微调之后,可以完成音频指纹的定制,实现代码如下:

```
//ruyi
const base::CommandLine* ruyi_command_line =
      base::CommandLine::ForCurrentProcess();
if (ruyi_command_line->HasSwitch(blink::switches::kRuyi)) {
  const std::string ruyi_fp =
      ruyi_command_line->GetSwitchValueASCII(blink::switches::kRuyi);
  absl::optional<base::Value> json_reader =
      base::JSONReader::Read(ruyi_fp);
  double webaudio_data =
    *(json_reader->GetDict().FindDouble("webaudio"));
  DOMFloat32Array* channels__ = channels_[channel_index].Get();
  size_t channel_size = channels__->length();
  for (size_t i = 0; i < channel_size; i++) {
    channels__->Data()[i] += (0.00001 * webaudio_data);
  }
  return NotShared<DOMFloat32Array>(channels__);
}
//ruyi 结束
```

修改后的代码从 JSON 中读取一个名为 webaudio 的双精度浮点数值。为了防止音频数据修改过大,这里对音频数据进行遍历的时候,将 webaudio 按一定比例加到指定通道的音频数据样本上。

在修改完毕之后，可以到音频检测网站 audiofingerprint.openwpm.com 进行测试，传递不同参数可以得到不同的指纹信息，如图 4-8 所示。

```
Fingerprint using DynamicsCompressor (sum of buffer values):
    124.04347527516074
Fingerprint using DynamicsCompressor (hash of full buffer):
    19f2ec826da994356fe069ffbebc1d80db815a8f
Fingerprint using OscillatorNode:
    -145.83596801757812,-136.51010131835938,-130.714599609375,-126.
    118.29286193847656,-115.79949188232422,-113.25782775878906,-110
    ,-101.30065917968575,-97.58848571777344,-93.63198089599617,-90.7
    01606369018555,-29.581928253173828,-36.26024246215820,-56.06679
    0562133789,-99.19094848632812,-102.68440246582031,-105.81931304
```

```
Fingerprint using DynamicsCompressor (sum of buffer values):
    124.07225296890829
Fingerprint using DynamicsCompressor (hash of full buffer):
    23582617439836da00659060ac7ff8245d04dcfa
Fingerprint using OscillatorNode:
    -121.85555267333984,-121.44082641601562,-121.14238739013672,-120.
    6.17341613769531,-114.34357452392578,-112.26387023925781,-109.927
    99017333984,-97.47624206542969,-93.57303619384766,-90.70437622070
    2,-29.58190155029297,-36.26029586791992,-5E.066246032714844,-95.5
    5642395019531,-102.78132629394531,-105.95109558105469,-108.819892
```

图 4-8　音频指纹信息更改

4.4　WebGPU 指纹

4.4.1　WebGPU 指纹概述

WebGPU 是新一代的 Web 图形和计算 API，旨在提供高性能的图形渲染和计算能力。它是 WebGL 的后继者，旨在利用现代 GPU 的强大功能，使得 Web 应用能够达到接近原生应用的图形渲染和计算性能。而且它是一个操作系统级别的 API，可以直接与 GPU 通信，从而进行图形渲染和并行计算。

WebGPU 指纹信息指通过 WebGPU API 获取的一些硬件和驱动程序信息，这些信息包括 GPU 的名称、供应商、驱动程序版本、支持的功能和限制等。在前端的 JavaScript 中它主要依赖以下接口。

（1）requestAdapter。

WebGPU 提供了一个 GPUAdapter 对象，该对象包含了有关 GPU 适配器的详细信息。获取这个对象需要调用 navigator.gpu.requestAdapter。以下是 GPUAdapter 的详细介绍，它包括 features、limits 等属性。

① features：表示当前 GPU 适配器支持的功能列表，展示了该 GPU 可以使用哪些高级功能或扩展，如纹理压缩或间接绘制等。

② limits：提供了 GPU 适配器的硬件资源限制信息，如最大纹理大小、最大内存容量等，用于确定设备的性能上限。

③ isFallbackAdapter：是一个布尔值，用来标识当前的 GPU 适配器是否是一个备用适配器（性能可能低于主适配器）。

④ requestDevice：用于请求一个 GPUDevice 对象，该对象代表实际的 GPU 设备，用于提交命令和管理 GPU 资源。

features 包含了一些字符串，每个字符串代表一个功能。可以通过遍历 features 集合来检查 GPU 支持的特性。使用 JavaScript 代码获取 GPU 支持的功能的示例如下：

```
const adapter = await navigator.gpu.requestAdapter();
const supportedFeatures = adapter.features;
supportedFeatures.forEach(feature => {
  console.log(`Supported feature: ${feature}`);
});
```

features 常见的特性如下所列。

① texture-compression-bc：支持 BC(Block Compression，纹理压缩)格式。

② timestamp-query：支持时间戳查询，用于测量 GPU 命令的执行时间。

③ indirect-first-instance：支持间接绘制的第一个实例。

limits 是一个 GPUSupportedLimits 对象，表示 GPU 适配器的硬件限制。这些限制决定了可以使用的资源和配置的最大值。常见的 GPU 硬件限制有以下几种。

① maxTextureDimension1D：1D 纹理的最大尺寸。

② maxTextureDimension2D：2D 纹理的最大尺寸。

③ maxTextureDimension3D：3D 纹理的最大尺寸。

④ maxTextureArrayLayers：纹理数组的最大层数。

isFallbackAdapter 是一个布尔值，表示当前的 GPUAdapter 是否为后备适配器。如果找不到高性能适配器，WebGPU 会返回一个功能受限的后备适配器。判断当前的 GPUAdapter 是否为后备适配器的具体代码如下：

```
const isFallback = adapter.isFallbackAdapter;
console.log(`Is fallback adapter: ${isFallback}`);
```

（2）requestAdapterInfo。

requestAdapterInfo 是 WebGPU API 中的一个函数，它用于获取有关 GPU 适配器的详细信息。该函数返回一个 Promise 异步对象，该对象解析后会得到一个包含适配器信息的对象。这个对象提供了更详细的 GPU 适配器信息，比直接访问 GPUAdapter 对象的属性要更为全面。获取 GPU 适配器信息的具体代码如下：

```
async function getDetailedGPUInfo() {
  try {
    const adapter = await navigator.gpu.requestAdapter();

    if (!adapter) {
      console.log('No GPU adapter found');
      return;
    }

    const adapterInfo = await adapter.requestAdapterInfo();
    console.log('Detailed GPU Adapter Info:', adapterInfo);
  } catch (error) {
    console.error('Error getting detailed GPU info:', error);
  }
}
```

```
}
getDetailedGPUInfo();
```

requestAdapterInfo 返回一个包含适配器详细信息的对象。这些信息的详细说明具体如下。

① vendor：GPU 供应商的标识符。例如，Intel 的 ID 通常是 8086，NVIDIA 的 ID 是 10DE，AMD 的 ID 是 1002。

② architecture：GPU 架构的名称，如 Turing、Pascal 等。这有助于了解 GPU 的性能和功能特性。

③ description：对 GPU 适配器的描述，通常包括 GPU 的型号和名称，如 NVIDIA GeForce GTX 1050。

④ device：GPU 设备的标识符，这是一个独特的 ID，用于标识特定的 GPU 设备。

4.4.2 WebGPU 指纹获取

想要生成 WebGPU 指纹，可以先通过上述所介绍的 JavaScript 函数来获取详细的 GPU 信息，然后将这些信息组合成一个唯一的标识符。以下是一个完整的示例代码，它展示了如何获取所有相关信息，并生成 WebGPU 指纹：

```
async function getWebGPUFingerprint() {
  try {
    //请求 GPU 适配器
    const adapter = await navigator.gpu.requestAdapter();
    if (!adapter) {
      console.log('No GPU adapter found');
      return;
    }
    //请求详细的适配器信息
    const adapterInfo = await adapter.requestAdapterInfo();
    //获取适配器的基本信息
    const basicInfo = {
      name: adapter.name,
      features: [...adapter.features.values()],
      limits: adapter.limits,
      isFallbackAdapter: adapter.isFallbackAdapter
    };
    //获取适配器的详细信息
    const detailedInfo = {
      vendor: adapterInfo.vendor,
      architecture: adapterInfo.architecture,
      description: adapterInfo.description,
      driverVersion: adapterInfo.driverVersion,
      device: adapterInfo.device
    };
    //组合所有信息生成指纹
```

```
    const fingerprint = {
      basicInfo,
      detailedInfo
    };
    console.log('WebGPU Fingerprint:', fingerprint);
    return fingerprint;
  } catch (error) {
    console.error('Error getting GPU info:', error);
  }
}
//调用函数获取 WebGPU 指纹
getWebGPUFingerprint();
```

将上述代码在浏览器的控制台中运行,即可得到完整的 WebGPU 指纹信息,如图 4-9 所示。

```
WebGPU Fingerprint:
▼ {basicInfo: {…}, detailedInfo: {…}} ⓘ
  ▼ basicInfo:
    ▶ features: (9) ['indirect-first-instance', 'depth32float-stencil8', 'depth-clip-control', 'shader-f16', 'timestamp-query',
      isFallbackAdapter: false
    ▶ limits: GPUSupportedLimits {maxTextureDimension1D: 16384, maxTextureDimension2D: 16384, maxTextureDimension3D: 2048, max
      name: undefined
    ▶ [[Prototype]]: Object
  ▼ detailedInfo:
      architecture: "ampere"
      description: ""
      device: ""
      driverVersion: undefined
      vendor: "nvidia"
    ▶ [[Prototype]]: Object
  ▶ [[Prototype]]: Object
```

图 4-9　WebGPU 指纹信息

4.4.3　WebGPU 指纹修改

从之前的内容可以得知,WebGPU 相关信息是通过 adapter 接口来获取的,与修改 requestAdapter 中的信息相比,requestAdapterInfo 可以得到更加具体的信息,如涉及 GPU 的厂商、架构、设备和描述等信息。因此,本书的 WebGPU 指纹修改选择修改这里的具体信息,而且为了防止修改对 WebGPU 运行的影响,本节选择对重要性不太高的描述信息进行定制修改。

想修改 WebGPU 指纹信息,需要在 src/third_party/blink/renderer/modules/webgpu 目录中操作,这里选择了 gpu_adapter_info.cc 文件作为修改文件。以下是 requestAdapterInfo 的源码:

```
GPUAdapterInfo::GPUAdapterInfo(const String& vendor,
                               const String& architecture,
                               const String& device,
                               const String& description,
                               const String& driver)
    : vendor_(vendor),
```

```
        architecture_(architecture),
        device_(device),
        description_(description),
        driver_(driver)
{}
```

可以看出，由于 requestAdapterInfo 在 Chromium 中进行初始化构造时就会完成这些信息的赋值，因此可以在构造函数中对这些值进行定制替换，这样就可完成指纹修改，定制替换代码如下：

```
std::string my_des = * (json_reader->GetDict().FindDouble("webaudio"));
description_ = String(my_des);
```

默认情况下，Chromium 浏览器的 WebGPU 可能处于被禁止状态，此时可以额外添加以下命令行参数来启动 WebGPU：

```
chrome.exe --enable-unsafe-webgpu
```

WebGPU 指纹定制如图 4-10 所示，传递任意字符串定制 WebGPU 的描述信息后，可以到 BrowserScan 网站查看指纹信息，可以发现 WebGPU 指纹已经发生了改变。

图 4-10　WebGPU 指纹定制

4.5　设备内存和处理器

4.5.1　设备内存指纹定制

在 JavaScript 中，可以使用 navigator.deviceMemory 来获取设备的内存信息。它返回一个表示设备的内存大小（以 GB 为单位）的浮点数。具体代码如下：

```
if (navigator.deviceMemory) {
  //获取设备内存信息
  const deviceMemory = navigator.deviceMemory;
  console.log(`This device has approximately ${deviceMemory} GB of RAM.`);
} else {
  console.log('The device memory API is not supported on this browser.');
}
```

navigator.deviceMemory 对于优化网页性能非常有用。例如，可以根据设备的内存大小调整页面加载的资源量，避免在低内存设备上加载过多的资源，这样可以提升用户体验。在 Chromium 源码中，该函数位于 src\third_party\blink\renderer\core\frame 文件夹中，可以直观地看到其所属的文件名为 navigator_device_memory.cc。该函数返回一个浮点数，具体代码如下：

```
namespace blink {
float NavigatorDeviceMemory::deviceMemory() const {
  return ApproximatedDeviceMemory::GetApproximatedDeviceMemory();
}
}
```

如果想要修改设备的内存大小，可以选择直接对 deviceMemory 函数的返回值进行替换，将返回值修改为定制的设备内存大小，代码如下：

```
double memory = * (json_reader->GetDict().FindDouble("memory"));
return (float)memory;
```

4.5.2 处理器指纹定制

在 JavaScript 中，可以使用 navigator.hardwareConcurrency 来获取设备的处理器核心数量（逻辑处理器数量）。它返回一个整数，该整数表示设备上可用于执行 Web 工作线程的逻辑处理器的数量。代码如下：

```
const processorCount = navigator.hardwareConcurrency;
console.log(`This device has ${processorCount} logical processors.`);
```

值得注意的是，navigator.hardwareConcurrency 在大多数现代浏览器中都得到了广泛支持，但在某些浏览器中可能不受支持。该函数的源码位于 Chromium 的 src\third_party\blink\renderer\core\execution_context 目录下，其中的 navigator_base.cc 是需要修改的，该文件中与处理器相关的代码如下：

```
unsigned int NavigatorBase::hardwareConcurrency() const {
  unsigned int hardware_concurrency =
      NavigatorConcurrentHardware::hardwareConcurrency();
  probe::ApplyHardwareConcurrencyOverride(
      probe::ToCoreProbeSink(GetExecutionContext()),
                            hardware_concurrency);
  return hardware_concurrency;
}
```

由于源码是直接返回处理器数量的，因此可以如设备内存一样，直接替换返回值进行修改即可，代码如下：

```
double hardware = * (json_reader->GetDict().FindDouble("hardware"));
return (unsigned int)hardware;
```

在这里,试验性地传递参数 99,如图 4-11 所示,可以看到设备指纹已经发生了改变。

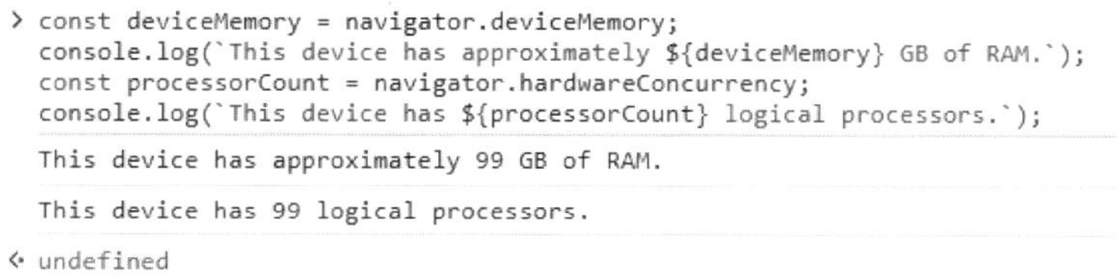

```
> const deviceMemory = navigator.deviceMemory;
  console.log(`This device has approximately ${deviceMemory} GB of RAM.`);
  const processorCount = navigator.hardwareConcurrency;
  console.log(`This device has ${processorCount} logical processors.`);
  This device has approximately 99 GB of RAM.
  This device has 99 logical processors.
< undefined
```

图 4-11　设备指纹定制

4.6　充电电池信息

4.6.1　充电电池信息概述

在 JavaScript 中,可以通过电池状态 API(Battery Status API)获取设备电池的信息。Battery Status API 提供了有关电池状态(如电量、充电状态、充电时间和放电时间)的函数。虽然这个 API 目前在大多数现代浏览器中得到了支持,但需要注意的是,某些浏览器可能已经弃用了这个 API,或者将其限制在安全上下文(如 HTTPS)中。

以下是一段使用 Battery Status API 获取电池信息的 JavaScript 示例代码:

```
navigator.getBattery().then(function(battery) {
    function updateBatteryStatus() {
        console.log("Battery level: " + battery.level + "%");
        console.log("Charging: " + (battery.charging ?"Yes" : "No"));
        console.log("Charging time: " + battery.chargingTime );
        console.log("Discharging time: " + battery.dischargingTime );
    }
    updateBatteryStatus();

    battery.addEventListener('chargingchange', function() {
        console.log("Charging change event");
        updateBatteryStatus();
    });

    battery.addEventListener('levelchange', function() {
        console.log("Level change event");
        updateBatteryStatus();
    });

    battery.addEventListener('chargingtimechange', function() {
        console.log("Charging time change event");
        updateBatteryStatus();
    });
```

```
    battery.addEventListener('dischargingtimechange', function() {
        console.log("Discharging time change event");
        updateBatteryStatus();
    });
});
```

这段代码首先使用函数 navigator.getBattery，该函数返回一个 Promise 异步对象，将 Promise 异步对象解析后，可以得到一个 BatteryManager 对象。接着定义 updateBatteryStatus 以输出当前的电池信息，包括电量、充电状态、充电时间和放电时间。然后给 BatteryManager 对象添加事件监听器，当电池的充电状态、充电时间、放电时间或电量发生变化时，调用 updateBatteryStatus 来更新电池信息。

浏览器中之所以有充电电池的相关 API，是因为这些 API 在以下几种情况下非常有用。

（1）对电量敏感的应用：某些应用可能需要在电池电量较低时调整其行为，如降低刷新率或减少后台活动，以延长设备的使用时间。

（2）优化用户体验：根据设备是否充电来调整应用的行为。例如，在充电时进行耗电量大的操作（如数据同步），在电池电量低时减少这些操作。

（3）数据统计和分析：收集和分析电池使用情况的数据，以帮助改进应用的能效。

4.6.2　充电电池信息定制

Battery Status API 在 Chromium 源码中也很好定位，它本身是一个独立的模块，直接到 src\third_party\blink\renderer\modules 目录下就可以看到 battery 文件夹了，其中的 battery_manager.cc 就是要修改的文件，文件中与电池信息相关的代码如下：

```
bool BatteryManager::charging() {
  return battery_status_.Charging();
}
double BatteryManager::chargingTime() {
  return battery_status_.charging_time().InSecondsF();
}
double BatteryManager::dischargingTime() {
  return battery_status_.discharging_time().InSecondsF();
}
double BatteryManager::level() {
  return battery_status_.Level();
}
```

以电量的定制修改为例，直接传参替换电量返回值即可，代码如下：

```
//ruyi
const base::CommandLine* ruyi_command_line =
        base::CommandLine::ForCurrentProcess();
if (ruyi_command_line->HasSwitch(blink::switches::kRuyi)) {
```

```
    const std::string ruyi_fp =
        ruyi_command_line->GetSwitchValueASCII(blink::switches::kRuyi);
    absl::optional<base::Value> json_reader =
        base::JSONReader::Read(ruyi_fp);
    double battery_level =
    * (json_reader->GetDict().FindDouble("battery_level"));
    return battery_level;
}
//ruyi 结束
```

电池信息定制如图 4-12 所示,将电量传参修改成了 99,在浏览器控制台中打印输出电池的相关信息,可以看到信息已经发生了改变。

Battery level: 99%
Charging: Yes
Charging time: Infinity
Discharging time: Infinity

图 4-12　电池信息定制

4.7　网络连接信息

4.7.1　网络连接信息概述

网络连接信息 API(Network Information API)用于获取用户设备的网络连接信息。它可以帮助开发者根据用户的网络状况调整应用的行为,从而提升用户体验。它允许开发者访问以下信息。

(1) type：表示当前的网络连接类型,如 Wi-Fi、4G 或 5G。

(2) downlink：表示网络的下行速度估计值,以 Mbit/s 为单位。

(3) downlinkMax：表示网络连接的最大下行速度。

(4) effectiveType：表示网络的有效速度类型,如 2G、3G、4G 或 5G,用于评估网络的实际性能和速度。

(5) saveData：表示用户是否启用了数据节省模式。该属性是一个布尔值,指示用户是否启用了减少数据使用的设置。

要使用网络状态 API,可以通过 navigator.connection 访问网络信息对象。以下是一段用 JavaScript 编写的示例代码：

```
//检查浏览器是否支持 Network Information API
if ('connection' in navigator) {
    const connection = navigator.connection ||
navigator.mozConnection || navigator.webkitConnection;
    //获取网络类型
    const type = connection.type;
    //获取下行速度估计值
```

```
        const downlink = connection.downlink;
        //获取最大下行速度
        const downlinkMax = connection.downlinkMax;
        //获取网络的有效类型
        const effectiveType = connection.effectiveType;
        //检查数据节省模式
        const saveData = connection.saveData;
        //输出网络信息
        console.log('Network type:', type);
        console.log('Downlink:', downlink, 'Mbps');
        console.log('Max downlink:', downlinkMax, 'Mbps');
        console.log('Effective type:', effectiveType);
        console.log('Save data mode:', saveData);

        //根据网络状况调整应用行为的示例
        if (saveData || effectiveType === '2g') {
            console.log('网络状况较差,启用低数据模式');
            //启用低数据模式的逻辑,如降低视频质量、减少数据请求等
        } else {
            console.log('网络状况良好,启用高质量模式');
            //启用高质量模式的逻辑,如加载高分辨率的图片、视频等
        }
    } else {
        console.log('Network Information API 不受此浏览器支持');
    }
```

网站可以先检测网络状况,在网络较差时减少数据消耗,如在低速网络下加载低分辨率的图片或视频。在用户启用数据节省模式时,网站可以提供轻量级的版本或功能,避免不必要的数据消耗。根据实时的网络状况,网站可以动态调整应用的行为和内容,如延迟加载非关键资源或启用/禁用某些功能。

4.7.2 网络连接信息定制

网络连接信息 API 的源码在 Chromium 的 src\third_party\blink\renderer\modules\netinfo 目录下,作为独立模块,其功能都被封装在 network_information.cc 文件中。

首先介绍 NetworkInformation 类的 effectiveType。它用于获取当前网络的有效连接类型(Effective Connection Type,ECT),其返回值是一个字符串,表示网络连接的质量。它的具体代码如下:

```
String NetworkInformation::effectiveType() {
  MaybeShowWebHoldbackConsoleMsg();
  absl::optional<WebEffectiveConnectionType> override_ect =
      GetNetworkStateNotifier().GetWebHoldbackEffectiveType();
  if (override_ect) {
    return NetworkStateNotifier::EffectiveConnectionTypeToString(
        override_ect.value());
```

```
  }
  if (!IsObserving()) {
    return NetworkStateNotifier::EffectiveConnectionTypeToString(
        GetNetworkStateNotifier().EffectiveType());
  }
  return NetworkStateNotifier::EffectiveConnectionTypeToString(effective_
type_);}
```

这段代码的目的是返回准确的网络连接类型字符串。首先,它会检查是否有特殊的连接类型覆盖了当前的网络状态,并优先返回这些覆盖的类型。如果没有覆盖类型,代码会返回当前已知的网络状态。如果仍然没有合适的连接类型,最后返回内部记录的有效连接类型。这样可以确保在各种情况下都能准确地提供网络状态信息。

如果要对其进行定制修改,只需要在开头判断是否传递了定制化参数,然后进行返回值替换即可,实现代码如下:

```
std::string eff_type = *(json_reader->GetDict().FindString("eff_type"));
return String(eff_type);
```

更改网络信息指纹的代码如图 4-13 所示,将返回值修改为 6g 之后,再次在命令行获取对应信息,可以发现信息已经发生了改变。

```
console.log('Downlink:', downlink, 'Mbps');
console.log('Effective type:', effectiveType);

// 根据网络状况调整应用行为的示例
if (saveData || effectiveType === '2g') {
    console.log('网络状况较差,启用低数据模式');
    // 启用低数据模式的逻辑,如降低视频质量、减少数据请求等
} else {
    console.log('网络状况良好,启用高质量模式');
    // 启用高质量模式的逻辑,如加载高分辨率的图片、视频等
}
} else {
    console.log('Network Information API 不受此浏览器支持');
}
Downlink: 99 Mbps
Effective type: 6g
网络状况良好,启用高质量模式
‹· undefined
```

图 4-13 更改网络信息指纹

其余的网络信息的相关源码也都处于该文件中,当前版本的源码如下所示,读者可以按需定制:

```
String NetworkInformation::type() const {
  if (RuntimeEnabledFeatures::NetInfoConstantTypeEnabled()) {
    return ConnectionTypeToString(kWebConnectionTypeUnknown);
  }
  if (!IsObserving())
```

```cpp
    return ConnectionTypeToString(
        GetNetworkStateNotifier().ConnectionType());
  return ConnectionTypeToString(type_);
}

double NetworkInformation::downlinkMax() const {
  if (RuntimeEnabledFeatures::NetInfoConstantTypeEnabled()) {
    return std::numeric_limits<double>::infinity();
  }
  if (!IsObserving())
    return GetNetworkStateNotifier().MaxBandwidth();
  return downlink_max_mbps_;
}

uint32_t NetworkInformation::rtt() {
  MaybeShowWebHoldbackConsoleMsg();
  absl::optional<base::TimeDelta> override_rtt =
      GetNetworkStateNotifier().GetWebHoldbackHttpRtt();
  if (override_rtt) {
    return GetNetworkStateNotifier().RoundRtt(Host(),
override_rtt.value());
  }
  if (!IsObserving()) {
    return GetNetworkStateNotifier().RoundRtt(
        Host(), GetNetworkStateNotifier().HttpRtt());
  }
  return http_rtt_msec_;
}

double NetworkInformation::downlink() {
  MaybeShowWebHoldbackConsoleMsg();
  absl::optional<double> override_downlink_mbps =
      GetNetworkStateNotifier().GetWebHoldbackDownlinkThroughputMbps();
  if (override_downlink_mbps) {
    return GetNetworkStateNotifier().RoundMbps(Host(),
            override_downlink_mbps.value());
  }
  if (!IsObserving()) {
    return GetNetworkStateNotifier().RoundMbps(
        Host(), GetNetworkStateNotifier().DownlinkThroughputMbps());
  }
  return downlink_mbps_;
}

bool NetworkInformation::saveData() const {
  return IsObserving() ? save_data_
                       : GetNetworkStateNotifier().SaveDataEnabled();
}
```

4.8 屏幕尺寸

4.8.1 屏幕信息概述

在 JavaScript 中,有几种 API 可以用来获取和操作屏幕信息。这些 API 可以帮助开发者根据用户屏幕的特性来优化网页的显示效果和用户体验。主要涉及的 API 包括 window.screen 对象和屏幕方向 API(ScreenOrientation API),下面进行详细讲解。

(1) window.screen 对象。

window.screen 对象提供了用户屏幕的一些基本信息,它包含的属性具体如下。

① screen.width:屏幕宽度(以像素为单位)。

② screen.height:屏幕高度(以像素为单位)。

③ screen.availWidth:屏幕可用宽度(减去操作系统的界面元素,如任务栏)。

④ screen.availHeight:屏幕可用高度(减去操作系统的界面元素,如任务栏)。

⑤ screen.colorDepth:屏幕的颜色深度(每个像素的位数)。

⑥ screen.pixelDepth:屏幕的像素深度(通常与屏幕的颜色深度相同)。

获取该信息的具体 JavaScript 代码如下:

```
//获取并显示屏幕的基本信息
function displayScreenInfo() {
    const width = screen.width;
    const height = screen.height;
    const availWidth = screen.availWidth;
    const availHeight = screen.availHeight;
    const colorDepth = screen.colorDepth;
    const pixelDepth = screen.pixelDepth;

    console.log('屏幕宽度:', width, '像素');
    console.log('屏幕高度:', height, '像素');
    console.log('屏幕可用宽度:', availWidth, '像素');
    console.log('屏幕可用高度:', availHeight, '像素');
    console.log('颜色深度:', colorDepth, '位');
    console.log('像素深度:', pixelDepth, '位');
}

//调用函数显示屏幕信息
displayScreenInfo();
```

(2) ScreenOrientation API。

ScreenOrientation API 提供了获取和锁定屏幕方向的函数。它包含的内容具体如下。

① screen.orientation.type:当前屏幕的方向类型(如 portrait-primary、landscape-primary)。

② screen.orientation.angle：当前屏幕方向的角度。
③ screen.orientation.lock(orientation)：锁定屏幕方向为指定的类型。
④ screen.orientation.unlock：解锁屏幕方向。
⑤ screen.orientation.onchange：屏幕方向变化时触发的事件处理程序。

获取该信息的具体 JavaScript 代码如下：

```javascript
//获取并显示屏幕的方向信息
function displayScreenOrientation() {
    const orientationType = screen.orientation.type;
    const orientationAngle = screen.orientation.angle;
    console.log('屏幕方向类型:', orientationType);
    console.log('屏幕方向角度:', orientationAngle, '度');
}
//锁定屏幕方向为横向
function lockOrientation() {
    screen.orientation.lock('landscape').then(() => {
        console.log('屏幕方向已锁定为横向');
    }).catch((error) => {
        console.error('无法锁定屏幕方向:', error);
    });
}
//解锁屏幕方向
function unlockOrientation() {
    screen.orientation.unlock();
    console.log('屏幕方向已解锁');
}
//当屏幕方向变化时,显示新的方向信息
screen.orientation.onchange = () => {
    console.log('屏幕方向已变化');
    displayScreenOrientation();
};
//调用函数显示屏幕方向信息
displayScreenOrientation();
```

这类屏幕相关的 API 主要应用在响应式设计中,可以根据用户屏幕的大小和方向,动态地调整网页布局和样式,从而提供更好的用户体验。此外,通过检测屏幕的颜色深度和像素深度,可以提供更合适的图像和视频质量,优化加载时间和视觉效果。

利用 window.screen 对象和 ScreenOrientation API，开发者可以获取用户屏幕的详细信息,并根据这些信息调整网页的布局和行为,从而提升用户体验。

4.8.2 屏幕信息定制

本书修改的屏幕相关指纹以 window.screen 为主。屏幕信息的 API 位于 Chromium 源码的 src\third_party\blink\renderer\core\frame 目录之下,因为屏幕信息 API 本身是和前端深度绑定的,而且是作为 window 全局对象下的属性的,所以可以直接在该目录的 screen.cc 文件中找到它,具体代码如下：

```cpp
int Screen::height() const {
  if (!DomWindow())
    return 0;
  return GetRect(/*available=*/false).height();
}

int Screen::width() const {
  if (!DomWindow())
    return 0;
  return GetRect(/*available=*/false).width();
}

unsigned Screen::colorDepth() const {
  if (!DomWindow())
    return 0;
  return base::saturated_cast<unsigned>(GetScreenInfo().depth);
}

unsigned Screen::pixelDepth() const {
  return colorDepth();
}

int Screen::availLeft() const {
  if (!DomWindow())
    return 0;
  return GetRect(/*available=*/true).x();
}

int Screen::availTop() const {
  if (!DomWindow())
    return 0;
  return GetRect(/*available=*/true).y();
}

int Screen::availHeight() const {
  if (!DomWindow())
    return 0;
  return GetRect(/*available=*/true).height();
}

int Screen::availWidth() const {
  if (!DomWindow())
    return 0;
  return GetRect(/*available=*/true).width();
}
```

以像素深度的修改为例，在命令行传递后获取替换参数即可，代码如下：

```
double screen_pixel = * (json_reader->GetDict().FindDouble("pixel"));
return (unsigned)screen_pixel;
```

默认情况下像素深度为 24，这里的传参是 48，如图 4-14 所示，可以看到屏幕信息也发生了改变。

图 4-14　屏幕信息定制

4.9　触摸屏

4.9.1　浏览器触摸屏概述

浏览器触摸屏信息主要是指浏览器可以检测并响应用户在触摸屏设备上进行的触摸操作。随着移动设备和触摸屏设备的普及，触摸事件（touch event）变得越来越重要。浏览器通过触摸事件 API 提供对触摸屏操作的支持，使开发者能够创建互动和响应更加良好的用户体验。

触摸事件 API 提供了一系列事件用于检测和处理触摸操作。这些事件具体如下。

（1）touchstart：当一个或多个手指触摸屏幕时触发。

（2）touchmove：当一个或多个手指在屏幕上移动时触发。

（3）touchend：当一个或多个手指从屏幕上移开时触发。

（4）touchcancel：当触摸被中断时触发，如突然接听电话或浏览器上下文改变。

每个触摸事件对象都包含有关当前触摸状态的详细信息。关键属性具体如下。

（1）touches：一个 TouchList 对象，包含当前在屏幕上的所有手指的触摸信息。

（2）targetTouches：一个 TouchList 对象，包含当前与事件目标相关的所有手指的触摸信息。

（3）changedTouches：一个 TouchList 对象，包含自上一个触摸事件以来发生了变化的所有手指的触摸信息。

每个 Touch 对象包含以下属性。

（1）identifier：唯一标识触摸点的 ID。

（2）target：触摸点的事件目标元素。

（3）clientX 和 clientY：触摸点相对于浏览器窗口的 X 和 Y 坐标。

(4) screenX 和 screenY：触摸点相对于屏幕的 X 和 Y 坐标。

(5) pageX 和 pageY：触摸点相对于文档的 X 和 Y 坐标。

以下是一个 HTML 示例,展示了如何使用 JavaScript 来处理触摸事件：

```html
<!DOCTYPE html>
<html lang="en">
<head>
  <meta charset="UTF-8">
  <meta name="viewport" content="width=device-width, initial-scale=1.0">
  <title>Touch Event Example</title>
  <style>
    #touchArea {
      width: 300px;
      height: 300px;
      background-color: lightgray;
      border: 2px solid black;
      text-align: center;
      line-height: 300px;
    }
  </style>
</head>
<body>
  <div id="touchArea">Touch here</div>
  <script>
    const touchArea = document.getElementById('touchArea');

    touchArea.addEventListener('touchstart', function(event) {
      handleTouchEvent(event, 'touchstart');
    });

    touchArea.addEventListener('touchmove', function(event) {
      handleTouchEvent(event, 'touchmove');
    });

    touchArea.addEventListener('touchend', function(event) {
      handleTouchEvent(event, 'touchend');
    });

    touchArea.addEventListener('touchcancel', function(event) {
      handleTouchEvent(event, 'touchcancel');
    });

    function handleTouchEvent(event, eventType) {
      event.preventDefault();
      const touches = event.touches;
      const touchList = [];
      for (let i = 0; i < touches.length; i++) {
        touchList.push({
```

```
            identifier: touches[i].identifier,
            clientX: touches[i].clientX,
            clientY: touches[i].clientY,
          });
        }
        console.log(`Event: ${eventType}`, touchList);
      }
    </script>
  </body>
</html>
```

将以上代码保存为 HTML 文件,用浏览器打开它之后,此时还没开启触摸屏,因此鼠标操作是没有效果的。打开开发者工具,切换为手机访问之后,即可触发各类事件。如图 4-15 所示,单击灰色区域,即可触发触摸屏事件。

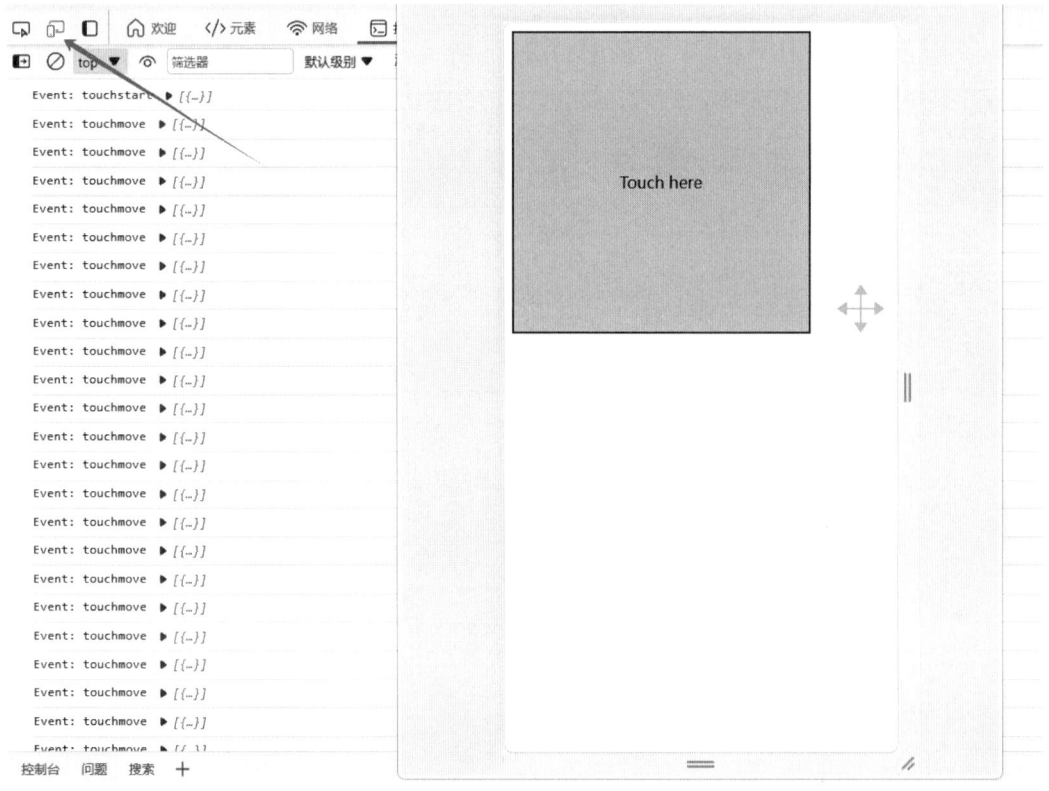

图 4-15　浏览器触摸屏演示

在上述监听事件中,可通过 getElementById 获取触摸区域元素。为 touchArea 添加的 touchstart、touchmove、touchend 和 touchcancel 事件监听器,用于分别处理不同类型的触摸事件。

在 handleTouchEvent 中,首先调用 event.preventDefault 防止默认行为(如滚动)。然后从事件对象中提取 touches 列表,遍历其中的每个触摸点,并提取 identifier、clientX

和 clientY 属性。最后将触摸点信息存储在 touchList 数组中,并在控制台中输出触摸事件类型和触摸点信息。

触摸屏在浏览器中的用途非常多,开发者可以利用触摸事件来实现多点触控手势,如缩放、旋转和滑动。而且,触摸事件可以用于绘图应用,允许用户在触摸屏上绘制和编辑图像。

如果想要将浏览器模拟为移动端的指纹信息,那么就需要开启其中的触摸屏。这是因为在移动端,浏览器作为一个 App 是需要用户通过触摸屏操作的,它是没有外接鼠标键盘的。如果要模拟移动端指纹,却不开启触摸屏,那么很容易就被检测为在伪造指纹信息。

4.9.2　浏览器触摸屏支持检测

浏览器是否支持触摸屏可以通过多种函数进行检测。以下是几种常见的检测函数。

(1) 使用 navigator.maxTouchPoints。

navigator.maxTouchPoints 函数返回设备上可用的触控点数量。如果设备支持触摸屏,则返回值大于 0。详细代码如下:

```
function isTouchDevice() {
  return 'maxTouchPoints' in navigator && navigator.maxTouchPoints > 0;
}
console.log("Is touch device: " + isTouchDevice());
```

(2) 使用 window.matchMedia。

通过查询媒体特性 hover 和 pointer,可以判断设备是否支持触摸。详细代码如下:

```
function isTouchDevice() {
  return window.matchMedia("(pointer: coarse)").matches;
}
console.log("Is touch device: " + isTouchDevice());
```

(3) 使用 ontouchstart 事件。

通过检测 ontouchstart 事件是否存在,可以判断设备是否支持触摸。详细代码如下:

```
function isTouchDevice() {
  return 'ontouchstart' in window || navigator.maxTouchPoints > 0;
}
console.log("Is touch device: " + isTouchDevice());
```

如果浏览器没有通过开发者工具切换为移动端浏览器,那么上述探测都是否。相反,如果切换为移动端浏览器,那么计算机端浏览器也就可以模拟移动端拥有触摸屏支持了。

4.9.3　浏览器触摸屏指纹定制

本书将定制 navigator.maxTouchPoints 这个 API。因为这是一个涉及动作的操作,所以在 Chromium 源码中,该 API 位于 src\third_party\blink\renderer\core\events 文件夹中。在这个文件夹中,navigator_events.cc 文件单独定义了这个接口,它的具体代码如下:

```
int32_t NavigatorEvents::maxTouchPoints(Navigator& navigator) {
  LocalDOMWindow* window = navigator.DomWindow();
  return window ?
      window->GetFrame()->GetSettings()->GetMaxTouchPoints() : 0;
}
```

这段代码用于获取当前浏览器窗口支持的最大触摸点数。函数的返回类型是 int32_t,表示返回一个 32 位的整数。它接收一个 Navigator 对象的引用作为参数。

在函数内部,首先调用 navigator.DomWindow 获取一个指向 LocalDOMWindow 对象的指针,并赋值给 window 变量,这个变量表示当前的浏览器窗口。然后通过条件运算符?:判断这个指针是否为空。如果 window 变量非空,就通过一系列函数调用来获取最大触摸点数:首先通过 GetFrame 函数获取当前窗口,接着通过 GetSettings 函数获取与当前窗口关联的设置,最后通过 GetMaxTouchPoints 函数获取最大触摸点数。如果 window 变量为空,则直接返回 0。

这段代码的功能是检测当前浏览器窗口支持的最大触摸点数,如果窗口存在,则通过窗口的框架和设置获取这个值;如果窗口不存在,则返回 0。这样的函数通常用于触控设备的功能检测,根据设备支持的触摸点数调整应用的触控交互方式。例如,在支持多点触控的设备上启用多点触控手势,而在不支持触摸的设备上禁用这些功能。这个函数确保了程序能够根据设备的硬件能力进行适当的调整。

在对浏览器触摸屏信息进行定制时,只需要将 maxTouchPoints 函数的返回值定制为 1,即可说明浏览器支持触摸屏,代码如下:

```
bool mobile = *(json_reader->GetDict().FindBool("mobile"));
if (mobile) {
    return 1;
}
return 0;
```

4.10 本章小结

本章详细介绍了浏览器硬件指纹技术及其相关的实现和修改方法。Canvas 指纹通过使用浏览器的 Canvas API 生成,依赖不同浏览器和操作系统呈现画布图像的微小差异,能够在用户禁用 Cookie 时仍然追踪用户。生成过程中的关键技术包括抗锯齿和字体微调,它们分别影响字体和图像的平滑效果以及文字可读性。WebGL 指纹通过获取硬件和软件配置信息(如显卡型号和驱动版本)来生成唯一标识符,利用 WebGL API 可提取这些信息,并可以通过定制 GPU 适配器信息进行修改。WebAudio 指纹通过生成音频信号并提取其特征值来实现。WebGPU 指纹通过获取 GPU 适配器的详细信息生成,并可通过定制特定信息进行修改。设备内存和处理器指纹可以通过 JavaScript 获取和定制,充电电池信息和网络连接信息也可以通过 API 获取并修改。屏幕尺寸和触摸屏信息同样可以获取并定制,以实现更好的用户体验和设备适应性。通过对这些技术的深入了解和定制化处理,相信开发者可以开发出较为完善的 Chromium 指纹浏览器。

第 5 章　Chromium 软件指纹定制

Chromium 软件指纹定制涉及对浏览器软件指纹的获取、分析及修改。软件指纹包括但不限于 WebRTC、浏览器版本、操作系统、时区、语言设置及字体信息等。通过定制这些指纹，开发者可以增强用户隐私保护、进行安全测试或调试特定功能。本章将深入探讨 Chromium 软件指纹的获取方法及其定制技术，帮助开发者更好地理解软件相关指纹信息，以提升浏览器的安全性。

5.1　WebRTC 指纹

5.1.1　WebRTC 概述

WebRTC(Web Real-Time Communication)是一项支持网页浏览器进行实时音视频和数据传输的技术。它是由 W3C 和 IETF 组织开发的开放标准，旨在实现高质量的通信体验，且无须安装任何插件或专用软件。WebRTC 使开发者能够在网页和应用程序中实现点对点通信，适用于视频聊天、文件共享、在线会议等场景。

WebRTC 的功能主要通过以下几个核心组件实现。

（1）getUserMedia：用于获取用户的音视频设备，如摄像头和麦克风。

（2）RTCPeerConnection：用于在两个设备之间建立连接并传输音视频数据。

（3）RTCDataChannel：用于传输任意数据，如文件、文本消息等。

WebRTC 主要用于音视频数据传输，它会成为指纹的主要原因在于使用 WebRTC 可以直接获取本机的内网 IP 和外网 IP。当 WebRTC 在建立对等连接(peer-to-peer connection)时，需要找到通信的最佳路径，这涉及穿透 NAT(网络地址转换)和防火墙。为了解决这些问题，WebRTC 会尝试通过各种方法获取对等端的 IP 地址，包括内网 IP (局域网 IP)和外网 IP(公共 IP)。

WebRTC 在获取 IP 时，会使用交互式连接建立(Interactive Connectivity Establishment，ICE)协议来寻找和建立连接。ICE 协议会收集和交换多个"候选者"(candidate)，这些候选者包括不同的 IP 地址和端口，以找到最佳的连接路径。

这些候选者主要分为 3 种，分别是主机候选者(host candidate)设备的本地 IP 地址（内网 IP）；反射候选者(server reflexive candidate)通过 STUN(Session Traversal Utilities for NAT)服务器获取的外网 IP 地址；中继候选者(relay candidate)通过 TURN 服务器中继的 IP 地址。

(1) 主机候选者(host candidate)。

主机候选者是设备的本地 IP 地址(即内网 IP)。这是设备在本地网络中的唯一标识符。一般来说,获取的局域网 IP 的格式如 192.168.x.x 或 10.x.x.x 一样。主机候选者通常用于同一局域网内的直接连接。

(2) 反射候选者(server reflexive candidate)。

反射候选者通过 STUN 服务器获取设备外网 IP 地址。STUN 服务器帮助设备了解其在公共互联网上的 IP 地址和端口。通过反射候选者获取的是本地的外网 IP,如 203.0.113.x。

(3) 中继候选者(relay candidate)。

中继候选者的 IP 地址来自 TURN 服务器,这种服务器在双方无法直接通信时充当了中继节点。中继 IP 地址通常属于 TURN 服务器,而非用户的实际设备。中继传输确保了即使在严格的 NAT 或防火墙环境后,连接也能成功建立。

如果想通过 WebRTC 来获取本地 IP 地址,可以使用如下 JavaScript 代码:

```
async function getLocalIPs(callback) {
    const rtc = new RTCPeerConnection();
    rtc.createDataChannel("");
    //必须创建一个数据通道,否则 onicecandidate 不会被调用
    rtc.onicecandidate = (event) => {
        if (event.candidate) {
            console.log("ICE候选:"+event.candidate.candidate);
            const ipRegex =
 /([0-9]{1,3}(\.[0-9]{1,3}){3}|[a-fA-F0-9:]+(:[a-fA-F0-9:]+)+)/g;
            const ipMatches = event.candidate.candidate.match(ipRegex);
            if (ipMatches) {
                ipMatches.forEach(callback);
            }
        }
    };
    try {
        const offer = await rtc.createOffer();
        await rtc.setLocalDescription(offer);
    } catch (error) {
        console.error("Error creating offer:", error);
    }
}
//使用回调函数处理找到的 IP 地址
getLocalIPs((ip) => {
    console.log('找到的 IP 地址:', ip);
});
```

在浏览器的开发者工具中运行上面这段 JavaScript 代码之后,可以打印出本机的内网 IP,如下所示:

```
ICE 候选: candidate: 1970872015 1 udp 2113937151 198.18.0.1 62226 typ host
generation 0 ufrag YIU/ network-cost 999
找到的 IP 地址: 198.18.0.1
```

如果想要获取外网 IP,则需要借助 STUN 服务器来完成这个任务。STUN 服务器可以帮助设备了解其在公共互联网上的 IP 地址。以下是获取本机外网 IP 的代码,它使用免费的 STUN 服务器来获取外网 IP 地址:

```
async function getPublicIP(callback) {
    //使用一个免费的 STUN 服务器
    const rtc = new RTCPeerConnection({
        iceServers: [{ urls: "stun:stun.l.google.com:19302" }]
    });
    rtc.createDataChannel("");          //创建数据通道
    rtc.onicecandidate = (event) => {
        if (event.candidate) {
            console.log("ICE 候选者:", event.candidate.candidate);
            const ipRegex =
/([0-9]{1,3}(\.[0-9]{1,3}){3}|[a-fA-F0-9:]+(:[a-fA-F0-9:]+)+)/g;
            const ipMatches = event.candidate.candidate.match(ipRegex);
            if (ipMatches) {
                ipMatches.forEach(callback);
            }
        }
    };
    try {
        const offer = await rtc.createOffer();
        await rtc.setLocalDescription(offer);
    } catch (error) {
        console.error("Error creating offer:", error);
    }
}
//使用回调函数处理找到的 IP 地址
getPublicIP((ip) => {
    console.log('找到的外网 IP 地址:', ip);
});
```

这里使用了一个免费的 STUN 服务器(stun.l.google.com:19302),该服务器会帮助获取设备的公共 IP 地址。将其在浏览器的开发者工具中运行,可以得到以下结果:

```
ICE 候选者: candidate:1518449297 1 udp 1677729535 192.99.152.x 11174 typ srflx
raddr 198.18.0.1 rport 51784 generation 0 ufrag 4skb network-cost 999
找到的外网 IP 地址: 192.99.152.x
```

通过 WebRTC 的接口,网站可以直接获取到用户的内网 IP 地址和外网 IP 地址,接下来,只需要将其和用户的请求 IP 相比对,就可以判断 IP 地址是否是使用的代理 IP。因此,在进行 WebRTC 指纹信息的定制的时候,需要确保外网 IP 信息和代理 IP 一致。

5.1.2　WebRTC 内网 IP 定制

在 5.1.1 节通过 WebRTC 获取本机内网 IP 地址时，可以看出是每找到一个新的 ICE 候选者就从候选者字符串中提取 IP 地址，并将其传递给回调函数。

综上所述，要对 Chromium 源码中的 WebRTC 内网 IP 进行定制，需要找到候选者初始化的地方。先来确定一下 WebRTC 的 JavaScript 绑定函数的所在位置，WebRTC 作为一个数据传输通信的工具，应当属于独立的模块，peerconnection 是专门处理 WebRTC 功能的子模块。直接在 src\third_party\blink\renderer\modules\peerconnection 目录下找到 ICE 候选者相关的文件 rtc_ice_candidate.cc 进行定制修改即可。

该文件中关于候选者的部分源码如下：

```
String RTCIceCandidate::candidate() const {
  return platform_candidate_->Candidate();
}

String RTCIceCandidate::sdpMid() const {
  return platform_candidate_->SdpMid();
}

String RTCIceCandidate::address() const {
  return platform_candidate_->Address();
}

String RTCIceCandidate::protocol() const {
  return platform_candidate_->Protocol();
}

absl::optional<uint16_t> RTCIceCandidate::port() const {
  return platform_candidate_->Port();
}
```

回顾之前获取本机内网 IP 的 JavaScript 代码，它主要依赖以下函数：

```
rtc.onicecandidate = (event) => {
...
console.log("ICE 候选:"+event.candidate.candidate);
```

因此，较好的切入点是在 RTCIceCandidate::candidate 中对候选者的本地 IP 地址进行替换。定制代码先从传递的 JSON 对象中读取定制的本地 WebRTC IP 地址，然后检查候选者的类型是否为主机类型(host)，如果是，则使用正则表达式替换候选者字符串中的 IP 地址。具体代码如下：

```
//ruyi
std::string webrtc_private = *(json_reader->GetDict().FindString("webrtc_private"));
```

```
if(platform_candidate_->Type()=="host"){
    String _candidate = platform_candidate_->Candidate();
    std::regex ip_regex("\\b(?:[0-9]{1,3}\\.){3}[0-9]{1,3}\\b");
    std::string dest = std::string(_candidate.Utf8().data());
    std::string replaced =regex_replace(dest, ip_regex,
        webrtc_private,std::regex_constants::format_first_only);
    return String(replaced);
    }
}
//ruyi end
```

代码中的正则表达式\b(?:[0-9]{1,3}\.){3}[0-9]{1,3}\b 匹配形如 xxx.xxx.xxx.xxx 的 IPv4 地址，在 WebRTC 获取本地 IP 的时候，候选者信息的格式具体如下：

```
a=candidate:1320071804 1 udp 2113937151 198.18.0.1 53544 typ host
    generation 0 network-cost 999
```

所以在判断候选者类型是 host 时，对其中的 IP 地址进行定制，即可修改本机的 WebRTC 内网 IP。

5.1.3　WebRTC 外网 IP 定制

定制修改外网 IP 的基本流程和修改内网 IP 的是一样的，只是在类型上有所区别。从 WebRTC 的基本概念中可以得知，候选者包括主机候选者、反射候选者和中继候选者。其中，涉及外网 IP 获取的是反射候选者，从而需要在获取内网 IP 的函数中进行类型判断。当类型为 srflx 时，要对候选者信息进行定制修改。

反射候选者的信息格式具体如下：

```
a=candidate:224160942 1 udp 1677729535 192.99.152.x 21108 typ srflx raddr 198.18.0.1 rport 53544
```

可以将其中的 IP 地址全部更改为定制化的外网 IP。当候选者的类型为 srflx 时，代码会替换候选者字符串中的外网 IP 地址以保护用户隐私，实现代码如下：

```
if(platform_candidate_->Type()=="srflx"){
    String _candidate = platform_candidate_->Candidate();
    std::regex ip_regex("\\b(?:[0-9]{1,3}\\.){3}[0-9]{1,3}\\b");
    std::string dest = std::string(_candidate.Utf8().data());
    std::string replaced =regex_replace(dest, ip_regex,
        webrtc_public,std::regex_constants::format_first_only);
    std::regex ip_regex_after
        (R"(raddr (\d{1,3}\.\d{1,3}\.\d{1,3}\.\d{1,3}) rport)");
    std::string replaced2 =regex_replace(replaced, ip_regex_after,
        webrtc_public,std::regex_constants::format_first_only);
    return String(replaced2);
}
```

正则表达式\b(?:[0-9]{1,3}\.){3}[0-9]{1,3}\b 匹配形如 xxx.xxx.xxx.xxx 的 IPv4 地址。正则表达式 raddr (\d{1,3}\.\d{1,3}\.\d{1,3}\.\d{1,3}) rport 匹配形如 raddr xxx.xxx.xxx.xxx rport 的字符串。通过两次正则表达式匹配，可以将其中存在的 IP 地址全部更改为定制的外网 IP 地址。

最后，本节选择的内网 IP 地址为 192.168.1.1，外网 IP 地址为 183.1.1.1。如图 5-1 所示，可以到在线指纹检测网站 browserleaks.com/webrtc 查看 WebRTC 指纹是否被修改成功。

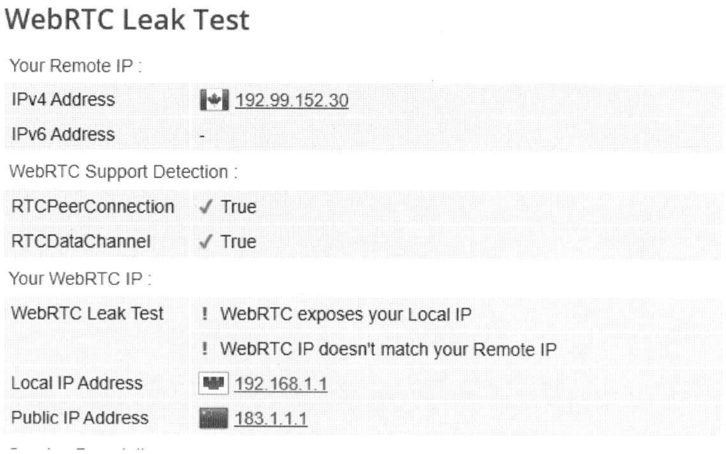

图 5-1 WebRTC 指纹

5.2 浏览器 navigator 指纹

5.2.1 navigator 指纹概述

在 JavaScript 中，navigator 是一个重要的对象，它提供了关于用户浏览器和操作系统的详细信息。通过 navigator，开发者可以检测浏览器的功能、状态和用户设置。下面详细介绍其用途。

navigator 是一个全局对象，可以通过 window.navigator 来访问。它包含多个属性和方法，用于获取有关浏览器和用户环境的信息，具体如下。

（1）navigator.productSub。

其用法如下：

```
console.log(navigator.productSub);
```

用途为返回一个表示浏览器子版本的字符串。在现代浏览器中，这个值通常是固定的。本机返回值为 20030107。这个属性很少在实际应用中使用，主要是为了保持与旧版本浏览器的兼容性。

（2）navigator.vendor。

其用法如下：

```
console.log(navigator.vendor);
```

用途为返回一个表示浏览器供应商名称的字符串。本机返回值为 Google Inc.。navigator.vendor 可以用来检测浏览器的供应商,可能会用在某些特定供应商相关的优化或调整中。

(3) navigator.vendorSub。

其用法如下:

```
console.log(navigator.vendorSub);
```

用途为返回一个表示浏览器供应商的子信息的字符串。在现代浏览器中,这个值通常是空字符串。本机返回值为"♯"。这个属性在实际应用中很少使用,主要用于保持与旧版浏览器的兼容性。

(4) navigator.platform。

其用法如下:

```
console.log(navigator.platform);
```

用途为返回一个表示浏览器运行平台的字符串。本机返回值为 Win32。navigator.platform 可以用于检测用户的操作系统平台,从而提供相应的优化和调整。例如,针对不同操作系统提供不同的下载链接或提示信息。

(5) navigator.cookieEnabled。

其用法如下:

```
console.log(navigator.cookieEnabled);
```

用途为返回一个布尔值,指示浏览器是否启用了 Cookie。本机返回值是 true(启用)。它可以检测浏览器是否支持并启用了 Cookie,从而决定是否使用 Cookie 来存储用户会话信息或偏好设置。

(6) navigator.webdriver。

其用法如下:

```
console.log(navigator.webdriver);
```

用途为返回一个布尔值,指示浏览器是否由自动化工具(如 Selenium WebDriver)控制。

本机返回值为 false(未由自动化工具控制)。该属性可以用于检测网页是否在自动化测试环境中运行,这可以帮助开发者在自动化测试期间启用或禁用某些功能,或者用于反自动化检测来防止滥用。

(7) navigator.languages。

其用法如下:

```
console.log(navigator.languages);
```

用途为返回一个包含用户首选的语言的数组。本机返回值为[zh-CN,zh]。它可以用于根据用户首选的语言提供本地化内容和翻译服务。例如,根据首选语言设置网站的默认语言。

navigator 的这些属性和方法提供了丰富的信息,开发者可以利用这些信息来优化网页的表现和功能。下面是一个综合示例,展示如何使用这些属性和方法,代码如下:

```
console.log("Product Sub:", navigator.productSub);
console.log("Vendor:", navigator.vendor);
console.log("Vendor Sub:", navigator.vendorSub);
console.log("Platform:", navigator.platform);
console.log("Cookies Enabled:", navigator.cookieEnabled);
console.log("WebDriver Controlled:", navigator.webdriver);
console.log("Preferred Languages:", navigator.languages);
if (navigator.platform.startsWith("Win")) {
    console.log("提供 Windows 下载链接");
} else if (navigator.platform.startsWith("Mac")) {
    console.log("提供 macOS 下载链接");
} else if (navigator.platform.startsWith("Linux")) {
    console.log("提供 Linux 下载链接");
}
//示例应用:检查 Cookie 是否启用
if (navigator.cookieEnabled) {
    console.log("Cookie 已启用,可以存储用户会话信息");
} else {
    console.log("Cookie 未启用,请提示用户启用 Cookie 以获得最佳体验");
}
```

通过上述示例,开发者可以更好地理解如何利用 navigator 提供的各种信息来提升用户体验和应用的功能性。

5.2.2 navigator 指纹定制

在 Chromium 的代码库中,src\third_party\blink\renderer\core\frame 文件夹包含了与框架(frame)和窗口(window)相关的核心功能的实现。navigator 及其相关信息位于该文件夹下是因为这些信息与网页的框架和窗口环境密切相关。

navigator.cc 文件包含了上述接口,代码如下:

```
String Navigator::productSub() const {
    return "20030107";
}
String Navigator::vendor() const {
  return "Google Inc.";
```

```cpp
}
String Navigator::vendorSub() const {
  return "";
}
String Navigator::platform() const {
  if (!DomWindow())
    return NavigatorBase::platform();
  const String& platform_override =
    DomWindow()->GetFrame()->GetSettings()->GetNavigatorPlatformOverride();
  return platform_override.empty() ? NavigatorBase::platform()
                                   : platform_override;
}
bool Navigator::cookieEnabled() const {
  if (!DomWindow())
    return false;
  Settings* settings = DomWindow()->GetFrame()->GetSettings();
  if (!settings || !settings->GetCookieEnabled())
    return false;
  return DomWindow()->document()->CookiesEnabled();
}
bool Navigator::webdriver() const {
  if (RuntimeEnabledFeatures::AutomationControlledEnabled())
    return true;
  bool automation_enabled = false;
  probe::ApplyAutomationOverride(GetExecutionContext(),
    automation_enabled);
  return automation_enabled;
}
String Navigator::GetAcceptLanguages() {
  if (!DomWindow())
    return DefaultLanguage();
  return DomWindow()
      ->GetFrame()
      ->GetPage()
      ->GetChromeClient()
      .AcceptLanguages();
}
```

由于其中的指纹信息修改的逻辑大多是一致的，因此可以封装一个公用的函数用于修改对应的指纹信息，代码如下：

```cpp
String getfp_string(std::string name) {
    const base::CommandLine * ruyi_command_line = base::CommandLine::
      ForCurrentProcess();
    if (ruyi_command_line->HasSwitch(blink::switches::kRuyi)) {
```

```
        const std::string ruyi_fp = ruyi_command_line->
          GetSwitchValueASCII(blink::switches::kRuyi);
        absl::optional<base::Value> json_reader = base::JSONReader::
            Read(ruyi_fp);
        std::string product_fp = * (json_reader->GetDict().
            FindString(name));
        return String(product_fp);
    }
    return "";
}
```

该函数会在传递的 JSON 对象中查找需要的指纹参数,然后以字符串形式返回,如果没有找到,就返回空字符串。封装好之后,这个函数就可以被公用了。例如,如果要修改其中的 vendor 厂商信息,只需要传入 vendor 就可以得到返回值,之后再根据返回值进行判断,代码如下:

```
//ruyi
String result = getfp_string("vendor");
if (result != "") {
    return result;
}
//ruyi 结束
```

navigator.cc 文件中的其余函数 webdriver、cookieEnabled 和 GetAcceptLanguages 等也可以按照该示例直接进行修改。

5.3 时区时间信息

5.3.1 时区时间信息概述

地球被划分为 24 个时区,每个时区大约对应 15 度的经度。每个时区通常以 UTC 为基准,通过增加或减少若干小时来表示本地时间。UTC(Universal Time Coordinated,协调世界时)是全球时间的标准。所有时区都以 UTC 为基准,通过加减偏移量来表示本地时间。例如,UTC+8 表示比 UTC 早 8 小时,UTC-5 表示比 UTC 晚 5 小时。此外,一些时区会根据夏令时(DST)进行调整,通常在夏季时将时钟拨快一小时。

以下是一些常见时区及其与 UTC 的对应关系。

(1) UTC-12:00:表示比 UTC 时间晚 12 小时。如 Baker Island。

(2) UTC-05:00:表示比 UTC 时间晚 5 小时。如美国东部时间(EST,标准时间)和美国中部时间(Central Standard Time,CST,夏令时)。

(3) UTC+00:00:表示与 UTC 时间相同。如格林尼治标准时间(GMT)和冰岛时间。

(4) UTC+08:00:表示比 UTC 时间早 8 小时。如中国标准时间(China Standard Time,CST)和新加坡时间。

（5）UTC+09:00：表示比 UTC 时间早 9 小时。如日本标准时间（JST）和韩国标准时间（KST）。

在 JavaScript 中，可以直接获取当前的时区和时间信息，代码如下：

```
//获取当前日期时间
const now = new Date();
const tz = Intl.DateTimeFormat().resolvedOptions().timeZone;
const currentTime = now.toLocaleString();
//输出结果
console.log(`当前时区名称:${tz}`);
console.log(`当前时间:${currentTime}`);
```

在浏览器控制台进行打印之后，本机显示以下结果：

```
当前时区名称:Asia/Shanghai
当前时间:2024/5/18 20:14:23
```

由于不同的时区会有不同的时间，因此在修改该信息时，需要注意时区和时间的对应关系。

5.3.2 时区时间信息定制

在 Chromium 项目中，Date 和 Intl 对象的实现主要涉及 V8 JavaScript 引擎，这是因为它们是 JavaScript 语言的一部分。V8 是 Google 开发的高性能 JavaScript 和 WebAssembly 引擎，用于解析和执行 JavaScript 代码。

V8 引擎中的时区相关代码可以在 src\v8\src\objects\js-date-time-format.cc 文件中找到，具体代码如下：

```
MaybeHandle<JSObject> JSDateTimeFormat::ResolvedOptions(
   Isolate* isolate, Handle<JSDateTimeFormat> date_time_format) {
  Factory* factory = isolate->factory();
  Handle<JSObject> options = factory->NewJSObject(isolate->object_function());
  Handle<Object> resolved_obj;

  Handle<String> locale = Handle<String>(date_time_format->locale(), isolate);
  DCHECK(!date_time_format->icu_locale().is_null());
  DCHECK_NOT_NULL(date_time_format->icu_locale()->raw());
  icu::Locale* icu_locale = date_time_format->icu_locale()->raw();

  icu::SimpleDateFormat* icu_simple_date_format =
      date_time_format->icu_simple_date_format()->raw();
  Handle<Object> timezone =
      JSDateTimeFormat::TimeZone(isolate, date_time_format);
  ......
```

可以看到 ResolvedOptions 函数中存在获取 timezone 的函数 TimeZone，继续去查找该源码，代码如下：

```
Handle<Object> JSDateTimeFormat::TimeZone(
   Isolate* isolate, Handle<JSDateTimeFormat> date_time_format) {
  return GetTimeZone(isolate,
                   *(date_time_format->icu_simple_date_format()->raw()));
}
```

TimeZone 函数的返回值调用了 GetTimeZone 函数，因此需要继续查找 GetTimeZone 函数，代码如下：

```
Handle<Object> GetTimeZone(Isolate* isolate,
                           const icu::SimpleDateFormat& simple_date_format) {
  return JSDateTimeFormat::TimeZoneId(
      isolate, simple_date_format.getCalendar()->getTimeZone());
}
```

继续向上回溯代码，即可找到定制切入点，具体代码如下：

```
Handle<Object> JSDateTimeFormat::TimeZoneId(Isolate* isolate,
                                            const icu::TimeZone& tz) {
  Factory* factory = isolate->factory();
  icu::UnicodeString time_zone;
  tz.getID(time_zone);
  UErrorCode status = U_ZERO_ERROR;
  icu::UnicodeString canonical_time_zone;
  icu::TimeZone::getCanonicalID(time_zone, canonical_time_zone, status);
  if (U_FAILURE(status)) {
    return factory->undefined_value();
  }
  Handle<String> timezone_value;
  ASSIGN_RETURN_ON_EXCEPTION_VALUE(
      isolate, timezone_value, TimeZoneIdToString(isolate, canonical_time_zone),
      Handle<Object>());
  return timezone_value;
}
```

这段代码实现了 JSDateTimeFormat 类中的 TimeZoneId 函数，该函数用于获取给定时区对象的标准化时区 ID 并将其转换为 JavaScript 字符串对象。由于其最终返回的是时区字符串，因此可以在这里对时区字符串进行替换修改：

```
std::string timez="Australia/Hobart";
timezone_value=factory->NewStringFromAsciiChecked(timez.c_str());
```

编译之后，在浏览器开发者工具中打印当前时区名称，如图 5-2 所示。图中返回值为刚才替换的时区字符串，因此可以确定 TimeZoneId 是时区字符串返回函数。

```
> const tz = Intl.DateTimeFormat().resolvedOptions().timeZone;
  console.log(`当前时区名称：${tz}`);
当前时区名称：Australia/Hobart
< undefined
```

图 5-2　当前时区名称

由于该函数位于 V8 引擎之中，不属于 Renderer 进程，因此添加的命令行参数不起效果，需要额外进行 V8 接口的定制，感兴趣的读者可以在此基础上继续研究。为避免定制 V8 导致的复杂化，本书选择使用已有的命令行参数接口来定制时区和时间，具体代码如下：

```
chrome.exe --time-zone-for-testing="America/Nome"
```

该命令行参数在指定时区之后，会自动对时间进行校正。定制时区之后，可以打开另一个正常的浏览器输入时区获取代码，如图 5-3 所示。进行比较之后，可以发现，时间和时区已经发生了改变。

```
> // 获取当前日期时间
  const now = new Date();
  const tz = Intl.DateTimeFormat().resolvedOptions().timeZone;
  const currentTime = now.toLocaleString();
  // 输出结果
  console.log(`当前时区名称：${tz}`);
  console.log(`当前时间：${currentTime}`);
当前时区名称：Asia/Shanghai
当前时间：2024/5/18 23:03:38
< undefined
```

```
> // 获取当前日期时间
  const now = new Date();
  const tz = Intl.DateTimeFormat().resolvedOptions().timeZone;
  const currentTime = now.toLocaleString();
  // 输出结果
  console.log(`当前时区名称：${tz}`);
  console.log(`当前时间：${currentTime}`);
当前时区名称：America/Nome
当前时间：2024/5/18 07:03:30
< undefined
```

图 5-3　定制时区名称和时间

5.4　doNotTrack 指纹

5.4.1　doNotTrack 概述

doNotTrack 是一种浏览器设置，旨在告知网站用户不希望被追踪。这个设置的存在是为了提高用户的隐私保护，用户可以通过启用 Do Not Track（DNT）选项来表达其隐私偏好。

在 JavaScript 中，可以通过 navigator.doNotTrack 属性来检查当前用户是否启用了 doNotTrack 设置。这个属性一共有 3 种数值结果，具体如下。

（1）1：用户不希望被追踪。
（2）0：用户允许被追踪。
（3）null 或 undefined：用户没有设置追踪偏好，或者浏览器不支持 doNotTrack。

使用 navigator.doNotTrack 来检测用户的 DNT 设置的代码如下：

```
if (navigator.doNotTrack === "1") {
    console.log("用户不希望被追踪");
```

```
        //实施不追踪逻辑,如不加载分析脚本
    } else if (navigator.doNotTrack === "0") {
        console.log("用户允许被追踪");
        //实施追踪逻辑,如加载分析脚本
    } else {
        console.log("用户未设置追踪偏好或浏览器不支持 Do Not Track");
        //处理用户未设置偏好的情况
    }
```

需要注意的是,由于并非所有浏览器都支持 doNotTrack 设置,而且一些网站可能会忽略 doNotTrack 设置,因此这一设置可能无法完全避免被追踪。

5.4.2　doNotTrack 指纹定制

doNotTrack 是用户偏好设置的一部分,浏览器需要根据用户的偏好设置来传递 DNT 标头。由于这种设置与具体的文档相关联,因此其源码一定位于 core/frame 目录中。local_frame_client_impl.cc 文件负责处理与 LocalFrame 对象相关的各种客户端功能,因而这个文件是处理 navigator 下这一属性的适当位置。

该值的源码如下:

```
String LocalFrameClientImpl::DoNotTrackValue() {
    if (web_frame_->View()->GetRendererPreferences().enable_do_not_track)
        return "1";
    return String();
}
```

如果用户偏好设置中启用了 DNT,那么就返回 1,如果没有启用,默认情况下返回空字符串,也就是允许被追踪。在进行 DNT 定制时,查找传递的参数并且替换即可,代码如下:

```
std::string dnt = *(json_reader->GetDict().FindString("dnt"));
return String(dnt);
```

5.5　UA 指纹

5.5.1　UA 概述

用户代理(User Agent,UA)信息是指浏览器在每个 HTTP 请求中发送给服务器的一段字符串,它包含了浏览器、操作系统、设备类型等相关信息。服务器可以根据这些信息来识别客户端的类型和能力,从而提供相应的内容或功能。

典型的 UA 字符串包括以下几部分。

(1)浏览器信息:浏览器的名称和版本。

(2)操作系统信息:操作系统的名称和版本。

（3）渲染引擎信息：浏览器使用的渲染引擎（如 WebKit、Gecko）。

（4）设备信息：设备类型（如手机、平板、桌面）。

下面是一个典型的 UA 字符串示例：

```
Mozilla/5.0 (Windows NT 10.0; Win64; x64) AppleWebKit/537.36 (KHTML, like Gecko) Chrome/90.0.4430.85 Safari/537.36
```

它的结构是十分清晰的，每一部分都和浏览器及操作系统信息息息相关，具体如下。

（1）Mozilla/5.0：历史原因，大多数浏览器都使用这个前缀来保持与旧系统的兼容性。

（2）Windows NT 10.0；Win64；x64：操作系统信息，表示运行在 64 位的 Windows 10 系统上。

（3）AppleWebKit/537.36：渲染引擎信息，表示使用了 WebKit 引擎版本 537.36。

（4）KHTML，like Gecko：表示兼容 KHTML 和 Gecko 引擎。

（5）Chrome/90.0.4430.85：浏览器信息，表示使用 Chrome 浏览器版本 90.0.4430.85。

（6）Safari/537.36：表示兼容 Safari 浏览器版本 537.36。

在 JavaScript 中，可以通过 navigator.userAgent 来获取当前浏览器的 UA 字符串，代码如下：

```
const userAgent = navigator.userAgent;
console.log(userAgent);
```

根据 UA 字符串，网站可以编写 JavaScript 代码来检测浏览器的类型和版本。例如：

```
function getBrowserInfo() {
    const userAgent = navigator.userAgent;
    let browserName = "Unknown";
    let browserVersion = "Unknown";

    if (userAgent.indexOf("Chrome") > -1) {
        browserName = "Chrome";
        browserVersion = userAgent.match(/Chrome\/(\d+\.\d+\.\d+\.\d+)/)[1];
    } else if (userAgent.indexOf("Firefox") > -1) {
        browserName = "Firefox";
        browserVersion = userAgent.match(/Firefox\/(\d+\.\d+)/)[1];
    } else if (userAgent.indexOf("Safari") > -1
    && userAgent.indexOf("Chrome") === -1) {
        browserName = "Safari";
        browserVersion = userAgent.match(/Version\/(\d+\.\d+)/)[1];
    } else if (userAgent.indexOf("MSIE") > -1 ||
    userAgent.indexOf("Trident/") > -1) {
        browserName = "Internet Explorer";
        browserVersion = userAgent.match(/(MSIE \d+\.\d+|rv:\d+\.\d+)/)[1];
    }
```

```
    return {
        name: browserName,
        version: browserVersion
    };
}
const browserInfo = getBrowserInfo();
console.log(`Browser: ${browserInfo.name}, Version: ${browserInfo.version}`);
```

浏览器中的 UA 信息是很容易修改定制的，在 Chromium 浏览器中自带的命令行参数可以覆盖原有的 UA 头信息：

```
chrome.exe --user-agent="ruyi browser"
```

这样打开的浏览器，在请求中传递给服务器的 UA 或者是 JavaScript 接口中的 UA 都会发生改变。

5.5.2　UA 定制

UA 信息的修改切入点和之前 DNT 同属一个文件，其中部分代码是 Chromium 项目中与用户代理(User Agent)相关的实现部分。这段代码定义了两个函数：UserAgentOverride 和 UserAgent，它们用于获取用户代理字符串。代码如下：

```
String LocalFrameClientImpl::UserAgentOverride() {
  return web_frame_->Client()
             ? String(web_frame_->Client()->UserAgentOverride())
             : g_empty_string;
}
```

UserAgentOverride 函数用于获取用户代理的重载字符串。它首先检查 web_frame_ 是否有一个有效的客户端对象。如果客户端对象存在，则调用该客户端对象的 UserAgentOverride 函数，并将其结果转换为 String 类型返回。如果客户端对象不存在，则返回一个空字符串。

UserAgent 函数用于获取实际使用的用户代理字符串。它调用 UserAgentOverride 获取用户代理重载字符串。如果重载字符串不为空，则返回该重载字符串。如果重载字符串为空，则检查 user_agent_ 是否为空字符串；如果 user_agent_ 为空，则调用 Platform::Current 获取平台的默认用户代理字符串，并将其赋值给 user_agent_。实现代码如下：

```
String LocalFrameClientImpl::UserAgent() {
  String override = UserAgentOverride();
  if (!override.empty()) {
    return override;
  }
```

```
  if (user_agent_.empty())
    user_agent_ = Platform::Current()->UserAgent();
  return user_agent_;
}
```

由上述两个函数可以看出,如果要修改 UA,有许多的切入点。这里以 UserAgentOverride 作为切入点进行定制,代码如下:

```
std::string ua = *(json_reader->GetDict().FindString("ua"));
return String(ua);
```

5.6 字体指纹

5.6.1 字体指纹概述

浏览器字体指纹是一种通过测量不同字体在浏览器中的显示特性来识别用户的方法。这种技术利用了不同操作系统、浏览器和设备对特定字体的渲染方式的细微差异,从而创建一个唯一的标识符以追踪用户的浏览活动。以下是对浏览器字体指纹的详细解释。

浏览器字体指纹是一种指纹识别技术,通过检测和测量特定字体在网页上的呈现方式(如宽度和高度)来生成一个唯一的标识符。这种标识符可以用于跟踪用户,即使用户的 IP 地址、浏览器 Cookie 等传统追踪方法被清除或屏蔽。

浏览器字体指纹的获取通常需要经过以下步骤。

(1) 字体选择:选择一组常见的字体,这些字体在不同的操作系统和浏览器中可能会有所不同。

(2) 元素创建:在网页上创建一个包含指定字体的 HTML 元素。

(3) 样式设置:将该元素的字体样式设置为要测量的字体,并设置一些固定的文本内容。

(4) 尺寸测量:将该元素插入页面,然后测量其宽度和高度。

(5) 尺寸记录:将测量到的宽度和高度组合成一个字符串,以作为该字体的指纹。

(6) 指纹生成:对多种字体进行上述操作,得到多个尺寸组合,通过这些组合生成唯一的浏览器指纹。

下面是使用 JavaScript 来获取字体指纹的代码示例:

```
var fonts = ["monospace", "system-ui", "BlinkMacSystemFont"];
//获取字体指纹
function getFontFingerprint(fontName) {
   var span = document.createElement('span');
   span.style.fontFamily = fontName;
   span.textContent = 'Hello';
```

```
        document.body.appendChild(span);
        var width = span.offsetWidth;
        var height = span.offsetHeight;
        document.body.removeChild(span);
        return width.toString() + height.toString();
    }

    fonts.forEach(function(font) {
        var fingerprint = getFontFingerprint(font);
        console.log(font + ": " + fingerprint);
    });
```

字体数组 fonts 定义了一组需要测量的字体，getFontFingerprint 函数先会创建 span 元素用于测量字体显示尺寸，这里也可以选择其他元素，如 div 元素或 p 元素，然后设置字体和内容，将 span 元素的字体样式设置为指定字体，并设置文本内容为 Hello，再将 span 元素插入文档中，测量其 offsetWidth 和 offsetHeight。获取完需要的指纹信息之后，移除元素并返回结果。最后遍历字体数组，对每种字体调用 getFontFingerprint 函数，将其指纹输出到控制台。

在浏览器中运行这段 JavaScript 代码之后，不出意外会得到预先搜集的字体的指纹信息，如图 5-4 所示。

```
> var fonts = ["monospace", "system-ui", "BlinkMacSystemFont"];
  // 获取字体指纹
  function getFontFingerprint(fontName) {
      var span = document.createElement('span');
      span.style.fontFamily = fontName;
      span.textContent = 'Hello';
      document.body.appendChild(span);
      var width = span.offsetWidth;
      var height = span.offsetHeight;
      document.body.removeChild(span);
      return width.toString() + height.toString();
  }

  fonts.forEach(function(font) {
      var fingerprint = getFontFingerprint(font);
      console.log(font + ": " + fingerprint);
  });
  monospace: 3513
  system-ui: 4020
  BlinkMacSystemFont: 4021
```

图 5-4　预先搜集的字体的指纹信息

5.6.2　字体指纹定制

字体指纹的获取通常会创建一个 HTML 元素，并为该元素设置特定的字体，然后通过测量该元素的宽度和高度来获取字体指纹需要的特征信息。因此，要修改字体指纹信息，可以从 HTML 的元素入手。在 Chromium 源码当中，前端 HTML 的代码位于 src\third_party\blink\renderer\core\html 文件夹。这里以前端的元素为修改点选择 html_element.cc 文件。

在该文件中,涉及元素相对位置的函数主要是以下几个,这些函数是 Chromium 中用于获取 HTML 元素的位置信息和尺寸的函数,常用于处理和计算网页布局。

(1) offsetLeftForBinding。

其用法如下:

```
int HTMLElement::offsetLeftForBinding() {
  return OffsetTopOrLeft(/* top= */false);
}
```

这个函数用于获取 HTML 元素相对于其包含块的左边缘的偏移量。在 JavaScript 中使用 element.offsetLeft 时,调用此函数来获取元素的左边偏移量。

这个函数只是单纯地做了一层封装,具体的实现是通过 OffsetTopOrLeft 函数完成的,这是一个成员函数,用于获取 HTML 元素相对于其包含块的上边缘或左边缘的偏移量。这个函数是 Chromium 渲染引擎的一部分,通过递归计算元素和其包含块的偏移量,确保获取到了准确的位置数据。

(2) offsetTopForBinding。

其用法如下:

```
int HTMLElement::offsetTopForBinding() {
  return OffsetTopOrLeft(/* top= */true);
}
```

这个函数用来获取 HTML 元素相对于其包含块的上边缘的偏移量。在 JavaScript 中使用 element.offsetTop 属性时,调用此函数来获取元素的上边偏移量。

(3) offsetWidthForBinding。

其用法如下:

```
int HTMLElement::offsetWidthForBinding() {
  GetDocument().EnsurePaintLocationDataValidForNode(
      this, DocumentUpdateReason::kJavaScript);
  int result = 0;
  if (const auto* layout_object = GetLayoutBoxModelObject()) {
    result = AdjustedOffsetForZoom(layout_object->OffsetWidth());
    RecordScrollbarSizeForStudy(result, /* is_width= */ true,
                                /* is_offset= */ true);
  }
  return result;
}
```

该函数可获取 HTML 元素的宽度,包括内边距和边框,但不包括滚动条、外边距或伪元素内容。首先,调用 EnsurePaintLocationDataValidForNode 确保节点的绘制位置数据是有效的,随后,函数通过 GetLayoutBoxModelObject 进行检查并获取布局对象。

如果布局对象存在,则调用 layout_object->OffsetWidth 获取元素的宽度,并通过

AdjustedOffsetForZoom 函数调整宽度以考虑页面缩放,最后调用 RecordScrollbarSizeForStudy 记录宽度数据。

在 JavaScript 中使用 element.offsetWidth 时,调用 offsetWidthForBinding 函数来获取元素的宽度。

(4) offsetHeightForBinding。

其用法如下:

```
HTMLElement::offsetHeightForBinding() {
  GetDocument().EnsurePaintLocationDataValidForNode(
      this, DocumentUpdateReason::kJavaScript);
  int result = 0;
  if (const auto* layout_object = GetLayoutBoxModelObject()) {
    result = AdjustedOffsetForZoom(layout_object->OffsetHeight());
    RecordScrollbarSizeForStudy(result, /* is_width= */ false,
                                /* is_offset= */ true);
  }
}
```

这个函数获取 HTML 元素的高度,包括内边距和边框,但不包括滚动条、外边距或伪元素内容。在 JavaScript 中使用 element.offsetHeight 属性时,调用此函数来获取元素的高度。

在 5.6.1 节进行字体指纹获取时,使用的是后两种函数 offsetWidthForBinding 和 offsetHeightForBinding。这里以元素的高度为例,进行字体指纹的定制修改,代码如下:

```
//ruyi
const base::CommandLine* ruyi_command_line = base::CommandLine::
    ForCurrentProcess();
if (ruyi_command_line->HasSwitch(blink::switches::kRuyi)) {
  const std::string ruyi_fp = ruyi_command_line->
      GetSwitchValueASCII(blink::switches::kRuyi);
  absl::optional<base::Value> json_reader = base::JSONReader::
        Read(ruyi_fp);
  double font_height = *(json_reader->GetDict().FindDouble("font"));
  return result+(int)font_height;
}
//ruyi 结束
```

此处在进行字体指纹修改时,只是在原有字体高度的基础上进行了数字增加。因为如果直接替换原有字体高度,可能会出现意想不到的错误,如将原有字体高度替换为 0,当开发者打开浏览器开发者工具并在开发者工具中输入字符时,因为字体高度已经被替换为 0,所以字符根本无法被显示出来。

修改字体指纹之后,可以到指纹检测网站测试。如图 5-5 所示,字体指纹已经发生了改变。

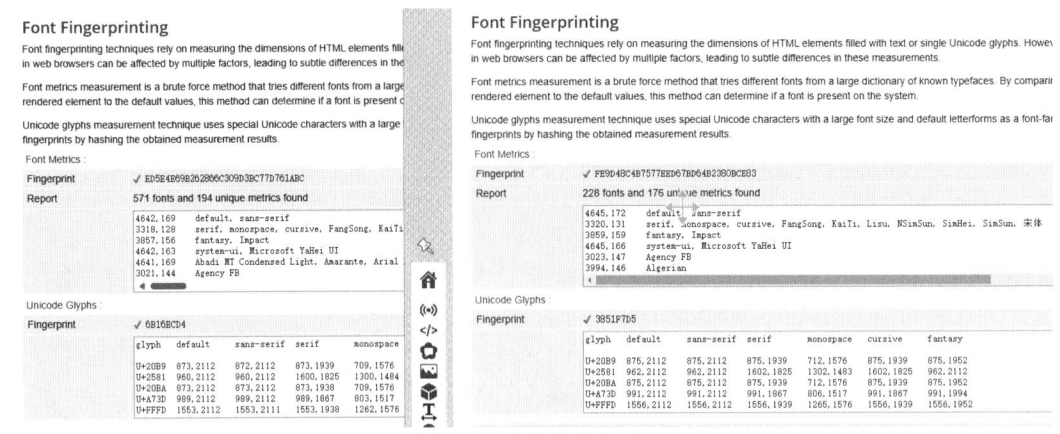

图 5-5 字体指纹修改

5.7 ClientRects 指纹

5.7.1 ClientRects 指纹概述

浏览器的 ClientRects 指纹是一种通过获取网页元素的边界矩形来识别用户的方法。这种技术利用不同操作系统、浏览器和设备对特定元素的渲染方式的细微差异，创建了一个独特的标识符。通过 ClientRects 指纹，网站可以在不依赖传统的 Cookie 或 IP 地址的情况下，跟踪用户的在线行为。

ClientRects 指纹信息具体如图 5-6 所示。

ClientRects 是指网页元素在屏幕上的位置和大小信息。通过 JavaScript 的 getClientRects 和 getBoundingClientRect 函数，可以获取元素的边界矩形，详细介绍如下。

（1）getClientRects：返回一个 DOMRectList 对象，该对象包含多个 DOMRect 对象，每个 DOMRect 对象包含 left、top、right、bottom、width 和 height 属性，表示矩形的位置和尺寸。

（2）getBoundingClientRect：返回一个 DOMRect 对象，表示元素的边界矩形。该矩形包含元素在视口中的位置和尺寸信息。

获取 ClientRects 指纹的步骤具体如下。

（1）选择元素：在网页中选择一个或多个元素，这些元素可以是特定的文本、图片或其他 DOM 元素。

（2）获取边界矩形：使用 getClientRects 或 getBoundingClientRect 函数获取这些元素的边界矩形信息。

（3）提取特征：对获取的边界矩形信息进行处理，提取出有用的特征，如元素的位置、宽度、高度等。

（4）生成指纹：将这些特征组合成一个唯一的标识符，作为用户的 ClientRects 指纹。

以下是一个示例代码，展示了如何通过 JavaScript 获取网页元素的 ClientRects，并生成指纹：

ClientRects Fingerprinting

This tool performs web browser fingerprinting using JavaScript `getClientRects` measurements, calculating the exact pixel position and size of the bounding rectangle of rendered HTML elements.

getClientRects Fingerprint :

Full Hash	78C11583D7AE0B9A880CAE0DCC70D3A3

Per String :

Hash String 1	E6BAA11ECC689EAA55DB54F51E92AE1E
Hash String 2	6E8A8721745BB1184017123D50AC789B
Hash String 3	991DAE90405A741474FE853CB2A4D903

String 1 :		String 2 :		String 3 :	
x	18.530277252197266	x	9.656712532043457	x	323.2299499511719
y	9.499669075012207	y	150.62818908691406	y	181.4708709716797
width	551.162841796875	width	261.21014404296875	width	280.4874572753906
height	116.20352172851562	height	55.78889465332031	height	61.445770263671875
top	9.499669075012207	top	150.62818908691406	top	181.4708709716797
right	569.6931190490723	right	270.8668565750122	right	603.7174072265625
bottom	125.70310080352783	bottom	206.41708374023438	bottom	242.91664123535156
left	18.530277252197266	left	9.656712532043457	left	323.2299499511719

图 5-6　ClientRects 指纹信息

```
function getElementClientRects(element) {
  var rects = element.getClientRects();
  var boundingRect = element.getBoundingClientRect();

  var rectsInfo = Array.from(rects).map(rect => {
    return `${rect.left},${rect.top},${rect.width},${rect.height}`;
  }).join(';');

  var boundingRectInfo = `${boundingRect.left},${boundingRect.top},
${boundingRect.width},${boundingRect.height}`;

  return rectsInfo + '|' + boundingRectInfo;
}

function getPageClientRectsFingerprint() {
  var elements = document.querySelectorAll('p');
  var clientRectsFingerprint = Array.from(elements).map(element => {
    return getElementClientRects(element);
  }).join('|');
  return clientRectsFingerprint;
}
```

```
//输出页面的 ClientRects 指纹
var fingerprint = getPageClientRectsFingerprint();
console.log(fingerprint);
```

上面的示例代码展示了如何获取页面中所有<p>元素的 ClientRects，并生成一个指纹字符串。使用 getClientRects 和 getBoundingClientRect 函数获取每个<p>元素的所有客户端矩形和边界矩形，将矩形信息转换为字符串格式，便于后续处理和存储。最后将所有<p>元素的矩形信息组合成一个指纹字符串。

5.7.2 ClientRects 指纹定制

本节将介绍如何定制浏览器的 ClientRects 指纹信息，可通过修改 getClientRects 函数来实现。该函数在 Chromium 源码中位于 third_party/blink/renderer/core/geometry/dom_rect_read_only.h 文件中，其代码如下：

```
double x() const { return x_; }
double y() const { return y_; }
double width() const { return width_; }
double height() const { return height_; }
double top() const { return geometry_util::NanSafeMin(y_, y_ + height_); }
double right() const { return geometry_util::NanSafeMax(x_, x_ + width_); }
double bottom() const { return geometry_util::NanSafeMax(y_, y_ + height_); }
double left() const { return geometry_util::NanSafeMin(x_, x_ + width_); }
```

可以看出其中的 top 和 right 之类的属性，都是基于 x、y、width 和 height 的，因此要定制该指纹信息，只需要对 x、y、width 和 height 进行修改即可。在对应的 cc 文件中，可以从初始化函数进行切入，代码如下：

```
DOMRectReadOnly::DOMRectReadOnly(double x,
double y,
double width,
double height)
: x_(x), y_(y), width_(width), height_(height) {}
```

以修改 x 值为例，修改代码如下：

```
double xnum = * (json_reader->GetDict().FindDouble("xnum"));
x_(xnum);
```

在启动浏览器时，传递 x 值为 99，再到指纹检测网站查看，如图 5-7 所示，定制指纹信息已经生效。

对于其他信息，可以在相同的地方进行传参定制。不过由于该值涉及的元素较多，因此不建议全部修改，只对其中部分数值进行修改即可。

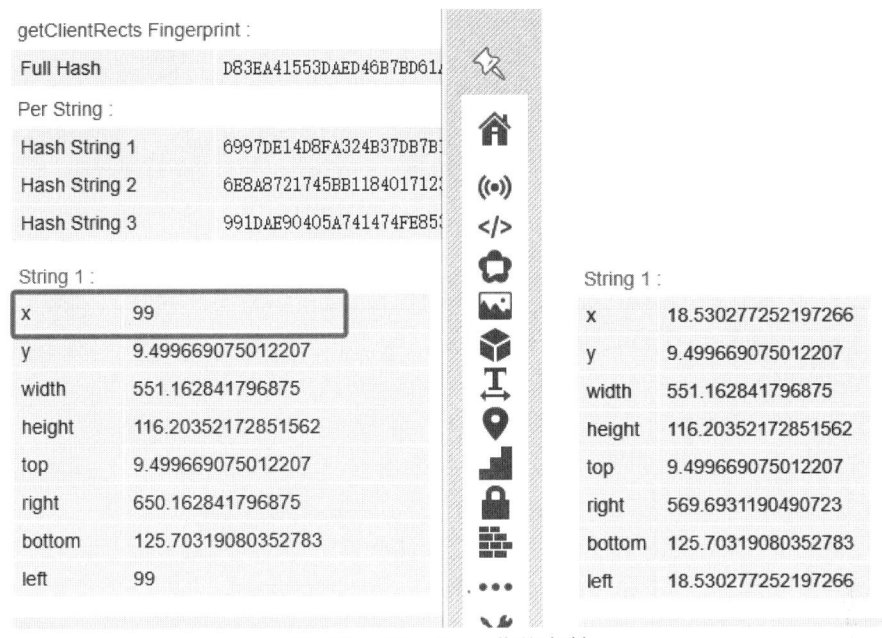

图 5-7　ClientRects 指纹定制

5.8　Client Hints 指纹

5.8.1　Client Hints 指纹概述

在现代浏览器中，JavaScript 层提供了多种 API 来访问用户代理相关的信息。其中，Client Hints 允许服务器和客户端通过 HTTP 头部和 JavaScript API 交换关于设备和浏览器的信息。这些信息包括浏览器品牌、版本、平台、架构等，能够帮助网站优化内容呈现和性能。

Client Hints（客户端提示）是浏览器通过 HTTP 头部和 JavaScript API 提供的一组信息，可描述用户设备和浏览器的特性。下面是一些常见的 Client Hints 属性及其含义。

（1）brands。

这是一个包含多个品牌和版本信息的数组，提供了浏览器的详细标识。这个属性对于检测浏览器类型及其版本非常有用。例如，在优化特定浏览器的功能或处理兼容性问题时，这些信息能够提供重要参考。

（2）mobile。

一个布尔值，指示设备是否为移动设备。如果值为 true，则表示当前设备是手机或平板电脑。这个信息可以用于调整页面布局和内容，以适应移动设备的小屏幕和触摸输入。

（3）platform。

一个字符串，表示操作系统平台（如 Windows、macOS、Android）。根据平台信息，网站可以提供针对不同操作系统优化的体验。例如，提供适用于 Windows 的下载链接，或者在 macOS 上提供特定的键盘快捷键提示。

（4）platformVersion。

一个字符串，表示操作系统的版本。这个信息可以帮助开发者在特定操作系统版本上启用或禁用某些功能，或者提供特定版本的支持和兼容性调整。

（5）architecture。

一个字符串，表示 CPU 架构（如 x86、ARM）。了解设备的 CPU 架构对于提供高效的计算和性能优化至关重要。例如，可以选择性地加载适用于特定架构的代码或资源。

（6）bitness。

一个字符串，表示操作系统的位数（如 64 位）。这个信息可以帮助判断设备的性能，进而调整应用的资源消耗和性能表现。

（7）wow64。

一个布尔值，指示是否在 32 位操作系统上运行 64 位的应用。如果值为 true，表示在 32 位操作系统上运行 64 位应用，这可能影响应用的性能和兼容性。

（8）model。

一个字符串，表示设备型号。尽管这个属性通常为空，但在某些设备上，它可以提供具体的硬件型号信息，用于进一步优化和适配。

（9）uaFullVersion。

一个字符串，表示完整的浏览器版本。这个信息对于处理浏览器特定的兼容性问题非常有用，特别是在需要区分细微版本差异时。

（10）fullVersionList。

这是一个包含详细品牌和版本信息的数组，与 brands 类似，但提供更精确的版本号。这对于需要精确判断浏览器版本的场景非常有帮助。

下面是一个 JSON 结构的文件，展示了这些属性在浏览器中的典型值：

```json
{
  "API Support": true,
  "brands": [
    {"brand": "Chromium", "version": "124"},
    {"brand": "Google Chrome", "version": "124"},
    {"brand": "Not-A.Brand", "version": "99"}
  ],
  "mobile": false,
  "platform": "Windows",
  "platformVersion": "15.0.0",
  "architecture": "x86",
  "bitness": "64",
  "wow64": false,
  "model": "",
  "uaFullVersion": "124.0.6367.207",
  "fullVersionList": [
    {"brand": "Chromium", "version": "124.0.6367.207"},
    {"brand": "Google Chrome", "version": "124.0.6367.207"},
    {"brand": "Not-A.Brand", "version": "99.0.0.0"}
  ]
}
```

在 JavaScript 中，可以使用 navigator.userAgentData 来获取这些信息。以下是一个示例代码，演示如何使用 navigator.userAgentData.getHighEntropyValues 函数来获取高熵值的 Client Hints：

```
navigator.userAgentData.getHighEntropyValues([
  'brands', 'mobile', 'platform', 'platformVersion',
  'architecture', 'bitness', 'wow64', 'model',
  'uaFullVersion', 'fullVersionList'
]).then(hints => {
  console.log(hints);
});
```

这些信息在前端开发中是很有用处的。根据 mobile、platform 和 platformVersion 信息，可以针对不同设备和操作系统提供优化的内容和布局。例如，在移动设备上简化界面，减少资源消耗，或在特定操作系统上启用/禁用某些特性。

利用 architecture 和 bitness 信息，可以针对不同硬件架构进行性能优化。例如，选择性加载适用于特定 CPU 架构的 JavaScript 代码或 WebAssembly 模块，以提升性能。

通过 brands 和 uaFullVersion 信息，可以识别具体的浏览器及其版本，从而进行兼容性调整和问题修复。例如，为特定版本的 Chrome 浏览器应用特定的样式调整，或禁用已知存在问题的功能。

5.8.2 Client Hints 指纹定制

Client Hints 的相关源码位于 src\third_party\blink\renderer\core\frame 目录之下，其中所有相关的 API 信息都处于 navigator_ua_data.cc 文件中。

下面是其中相关的源码：

```
void NavigatorUAData::AddBrandVersion(const String& brand,
                                     const String& version) {
  NavigatorUABrandVersion* dict = NavigatorUABrandVersion::Create();
  dict->setBrand(brand);
  dict->setVersion(version);
  brand_set_.push_back(dict);
}

void NavigatorUAData::AddBrandFullVersion(const String& brand,
                                         const String& version) {
  NavigatorUABrandVersion* dict = NavigatorUABrandVersion::Create();
  dict->setBrand(brand);
  dict->setVersion(version);
  full_version_list_.push_back(dict);
}
```

这段 Chromium 源代码定义了两个函数 AddBrandVersion 和 AddBrandFullVersion，用于向 NavigatorUAData 对象中分别添加品牌版本信息和完整品牌版本信息。

AddBrandVersion 和 AddBrandFullVersion 这两个方法会首先创建一个新的 NavigatorUABrandVersion 对象,并设置其品牌和版本信息。然后,AddBrandVersion 函数将该对象添加到 brand_set_ 向量中,而 AddBrandFullVersion 函数将对象添加到 full_version_list_ 向量中。这些方法通过创建和存储 NavigatorUABrandVersion 实例来管理用户代理的数据,便于浏览器在需要时提供详细的品牌和版本信息。具体代码如下:

```cpp
void NavigatorUAData::SetBrandVersionList(
    const UserAgentBrandList& brand_version_list) {
  for (const auto& brand_version : brand_version_list) {
    AddBrandVersion(String::FromUTF8(brand_version.brand),
                    String::FromUTF8(brand_version.version));
  }
}

void NavigatorUAData::SetFullVersionList(
    const UserAgentBrandList& full_version_list) {
  for (const auto& brand_version : full_version_list) {
    AddBrandFullVersion(String::FromUTF8(brand_version.brand),
                        String::FromUTF8(brand_version.version));
  }
}
```

这段代码定义了 NavigatorUAData 类的两个函数:SetBrandVersionList 和 SetFullVersionList,它们用于设置浏览器的品牌和版本信息列表。每个函数都接收一个 UserAgentBrandList 类型的参数,并对 UserAgentBrandList 中的品牌和版本信息进行遍历。在遍历过程中,将品牌和版本信息转换为 String 类型,然后分别调用 AddBrandVersion 或 AddBrandFullVersion 函数,将转换后的信息添加到 brand_set_ 或 full_version_list_ 向量中。具体代码如下:

```cpp
void NavigatorUAData::SetMobile(bool mobile) {
  is_mobile_ = mobile;
}
void NavigatorUAData::SetPlatform(const String& brand, const String& version) {
  platform_ = brand;
  platform_version_ = version;
}
void NavigatorUAData::SetArchitecture(const String& architecture) {
  architecture_ = architecture;
}
void NavigatorUAData::SetModel(const String& model) {
  model_ = model;
}
void NavigatorUAData::SetUAFullVersion(const String& ua_full_version) {
  ua_full_version_ = ua_full_version;
}
```

```
void NavigatorUAData::SetBitness(const String& bitness) {
  bitness_ = bitness;
}
void NavigatorUAData::SetWoW64(bool wow64) {
  is_wow64_ = wow64;
}
void NavigatorUAData::SetFormFactor(const String& form_factor) {
  form_factor_ = form_factor;
}
```

这段 Chromium 源代码定义了一组用于设置用户代理(User-Agent)数据的函数。这些函数属于 NavigatorUAData 类,用于设置各种用户代理相关的属性,包括设备是否为移动设备(SetMobile)、操作系统平台及其版本(SetPlatform)、CPU 架构(SetArchitecture)、设备型号(SetModel)、完整的浏览器版本(SetUAFullVersion)、操作系统的位数(SetBitness)、是否在 32 位操作系统上运行 64 位应用(SetWoW64),以及设备的形态因子(SetFormFactor)。这些函数通过修改类的私有成员变量来存储相应的信息,使得用户代理数据可以被准确地设置和访问,从而用于优化网页内容和处理兼容性问题。具体代码如下:

```
const HeapVector<Member<NavigatorUABrandVersion>>&
NavigatorUAData::brands()
    const {
  constexpr auto identifiable_surface = IdentifiableSurface::FromTypeAndToken(
      IdentifiableSurface::Type::kWebFeature,
      WebFeature::kNavigatorUAData_Brands);

  ExecutionContext* context = GetExecutionContext();
  if (context) {

    if (UNLIKELY(IdentifiabilityStudySettings::Get()->ShouldSampleSurface(
            identifiable_surface))) {
      IdentifiableTokenBuilder token_builder;
      for (const auto& brand : brand_set_) {
        token_builder.AddValue(brand->hasBrand());
        if (brand->hasBrand())
          token_builder.AddAtomic(brand->brand().Utf8());
        token_builder.AddValue(brand->hasVersion());
        if (brand->hasVersion())
          token_builder.AddAtomic(brand->version().Utf8());
      }
      IdentifiabilityMetricBuilder(context->UkmSourceID())
          .Add(identifiable_surface, token_builder.GetToken())
          .Record(context->UkmRecorder());
    }
    return brand_set_;
  }
```

```
    return empty_brand_set_;
}
```

这段代码定义了 NavigatorUAData 类的 brands，用于返回一个包含浏览器品牌和版本信息的 HeapVector。首先，它创建一个 IdentifiableSurface 对象来标识品牌数据。接着获取执行上下文 ExecutionContext，如果存在上下文且客户端参与了可识别性研究，则会记录这些数据以进行分析。通过 IdentifiabilityTokenBuilder 构建品牌和版本信息的标识符，然后通过 IdentifiabilityMetricBuilder 记录这些数据。最终，如果上下文存在，返回包含品牌信息的 brand_set_，否则返回一个空的品牌集合 empty_brand_set_。这段代码主要用于在某些条件下记录用户代理品牌信息以进行研究，同时返回当前的品牌信息集合。

上述源码中每个指纹的修改都是大同小异的，这里以 mobile 属性定制为例：

```
//ruyi
const base::CommandLine* ruyi_command_line = base::CommandLine::
    ForCurrentProcess();
if (ruyi_command_line->HasSwitch(blink::switches::kRuyi)) {
    const std::string ruyi_fp = ruyi_command_line->
            GetSwitchValueASCII(blink::switches::kRuyi);
    absl::optional<base::Value> json_reader = base::JSONReader::
        Read(ruyi_fp);
    bool mobile = *(json_reader->GetDict().FindBool("mobile"));
    if (mobile) {
        return true;
    }
    return false;
}
//ruyi 结束
```

在获取命令行、读取到传递的 JSON 信息之后，可以直接取出定制的 mobile 属性。如果当前指纹要模拟移动端，那么就可以传递布尔值 true，这样在通过该 API 查看移动端指纹时，就会返回定制内容。

5.9 本章小结

本章深入探讨了 Chromium 浏览器的指纹定制技术，重点涉及 WebRTC、浏览器 navigator、时区、doNotTrack、用户代理（UA）、字体及 ClientRects 指纹。通过分析各类指纹的获取方式和实际应用中的定制技术，开发者可以增强浏览器的隐私保护和安全性。

第 6 章 浏览器指纹关联

Chromium 指纹定制涉及浏览器的方方面面,经过第 4~5 章的学习,可以得知不仅存在硬件指纹,还存在软件指纹。由于浏览器是一个庞大又精密的系统,因此其中存在的指纹也不都是孤立的,而是相互联系的。借助这一点,前端网站可以轻易地识别出伪装度较低的指纹浏览器。

6.1 IP 指纹关联

6.1.1 IP 指纹关联概述

在浏览器指纹技术中,IP 地址是一个关键的识别特征。IP 指纹可以通过多种方式获取,包括通过 WebRTC 技术获取内网 IP 和外网 IP,以及通过常规的 HTTP 请求获取真实 IP。通过对这些 IP 信息进行关联和分析,可以检测用户是否在使用代理,并进一步加强用户识别的准确性。

在前边的章节中,已经学习过了如何在前端使用 WebRTC 的 API 来获取用户的内网和外网的 IP 地址。在实际向目标网站发起 HTTP 请求的时候,网站的服务器端是可以从请求包中获取到请求来源的 IP 地址的。通过比较 WebRTC 获取的外网 IP 与 HTTP 请求中的 IP,可以判断 IP 是否被代理。例如,如果 WebRTC 获取的外网 IP 与 HTTP 请求的 IP 不一致,则表明用户可能在使用代理或 VPN。

检测用户是否使用代理过程基本如下。

(1) 获取 WebRTC IP:使用之前的 JavaScript 代码获取 WebRTC 的内网 IP 和外网 IP。

(2) 获取 HTTP 请求 IP:服务器端记录客户端发出的 HTTP 请求的 IP 地址。这是用户访问服务器时的外部 IP。

(3) 对比 IP 地址:比较 WebRTC 获取的外网 IP 和 HTTP 请求的 IP。如果两者不一致,说明可能使用了代理。

以下是一个可用于网站服务端的伪代码,假设使用 Python 作为后端语言:

```
def detect_proxy(web_rtc_ip, http_request_ip):
    if web_rtc_ip != http_request_ip:
        return True
    return False
web_rtc_ip = get_web_rtc_ip()              #调用获取WebRTC IP 的 JavaScript 代码
http_request_ip = get_http_request_ip()    #从 HTTP 请求头中获取 IP
```

```
if detect_proxy(web_rtc_ip, http_request_ip):
    print("代理检测:使用了代理")
    #检测到代理后,不返回真实内容,触发风控
else:
    print("代理检测:未使用代理")
```

6.1.2 IP 指纹关联操作

在完成了 WebRTC 指纹定制之后,可以在每次启动指纹浏览器进行传参之前,先获取本机的真实 IP 地址,然后将要传递的 WebRTC 外网 IP 定义为此 IP 地址。

要获取本机的真实外网 IP 地址,而不使用 WebRTC,可以借助一个第三方的 API 服务,如 https://api.ipify.org,来获取外网 IP 地址。然后可以将获取到的外网 IP 地址设置为一个变量。

以下是一段可以在 Node 环境中运行的代码,展示如何通过第三方 API 获取外网 IP 地址,并将其设置为一个变量:

```
async function getExternalIP() {
    try {
        //通过访问外部链接获取本地 IP
        const response = await fetch('https://api.ipify.org?format=json');
        const data = await response.json();
        return data.ip;
    }
catch (error) {
        console.error('Error fetching external IP:'
, error);
        return null;
    }
}
let webRTCExternalIP = '';

getExternalIP().then(realExternalIP => {
  if (realExternalIP) {
      webRTCExternalIP = realExternalIP;
      console.log('WebRTC External IP set to:'
, webRTCExternalIP);
    }
  else {
      console.log('Failed to retrieve the real external IP address.');
    }
});
```

然后可以将这个 WebRTC 地址作为定制的 IP 传递指纹浏览器来启动,这样不论如何进行检测,WebRTC 公网 IP 和 HTTP 请求包的 IP 地址都是对应的。

6.1.3　IP 指纹其他关联

在进行数据采集时，需要通过发起 HTTP 请求来获取资源，这些请求中包含了用户的 IP 地址及其他一些相关的信息，如请求的资源、请求的方式和本地浏览器信息等。服务器接收到这个请求后，就可以从 HTTP 头部提取出请求的 IP 地址信息。

在拿到 IP 地址之后，可以向提供 IP 信息解析的网站发起请求，获取 IP 地址相关的各类信息，如国家地区、经纬度、时区和时间等。网站服务器拿到 IP 相关信息之后，将其与用户浏览器中使用 JavaScript API 获取到的时区时间信息做比对，就可以得知用户是否更改了时区和时间指纹，或者其 IP 地址是否是经过代理的。

因此，除了 WebRTC 外网 IP 要和真实 IP 相对应之外，如果使用的 IP 地址在其他国家，那么语言、经纬度和地理位置等也是需要设置的。在进行语言之类的更改时，不仅需要更改 navigator 对象中的语言支持，还需要相应设置 HTTP 请求头中的语言。

6.2　HTTP 指纹关联

6.2.1　UA 指纹关联概述

UA 指纹返回的是浏览器的代理字符串，其中包含了方方面面的信息，如浏览器的名称和版本、操作系统的名称和版本、设备类型（如手机、平板、桌面）等。因为这些信息在 navigator 对象中也是存在的，所以在修改时，要保持 navigator 中的这类信息和定制的 UA 保持一致。

如果编写过网络爬虫脚本，可以得知，在使用 HTTP 请求包的时候，通常会在头部定义一个 userAgent，这个 userAgent 就是此处的 UA，从而 UA 指纹在 HTTP 请求包中也是存在的，需要保持 HTTP 请求头中的 UA 信息和 JavaScript 接口中获取的 UA 信息一致。

如图 6-1 所示，指纹检测网站可以同时获取浏览器的 JavaScript 层的 UA 信息和 HTTP 层的 UA 信息，稍作比对便可得知 UA 指纹是否被篡改。

图 6-1　UA 指纹对比

在前边的基础知识中,可知浏览器中的进程是存在多种类型的。如图 6-2 所示,负责网络通信的进程的类型是 utility。

```
chrome.exe    8828   正在运行  Administr...  56,120 K  x86  "C:\Users\Administrator\AppData\Local\Chromium\Application\chrome.exe"
chrome.exe   21572   正在运行  Administr...   2,916 K  x86  C:\Users\Administrator\AppData\Local\Chromium\Application\chrome.exe --type=crashpad-handler "--user-data-dir=C:\Users\Administrato
chrome.exe   20352   正在运行  Administr...  37,568 K  x86  "C:\Users\Administrator\AppData\Local\Chromium\Application\chrome.exe" --type=gpu-process --no-pre-read-main-dll --gpu-preferences
chrome.exe   26496   正在运行  Administr...   8,732 K  x86  "C:\Users\Administrator\AppData\Local\Chromium\Application\chrome.exe" --type=utility --utility-sub-type=network.mojom.NetworkService
chrome.exe   26184   正在运行  Administr...   5,308 K  x86  "C:\Users\Administrator\AppData\Local\Chromium\Application\chrome.exe" --type=utility --utility-sub-type=storage.mojom.StorageService
chrome.exe   15316   正在运行  Administr...  13,716 K  x86  "C:\Users\Administrator\AppData\Local\Chromium\Application\chrome.exe" --type=renderer --no-pre-read-main-dll --video-capture-use-g.
```

图 6-2 utility 进程

为了使指纹参数能够在指纹浏览器启动时覆盖网络层,则必须在启动 utility 进程时,像给渲染进程传递命令行参数那样,将这些参数附加到 utility 进程的启动命令中。

6.2.2 utility 进程命令行参数

在 Chromium 项目中,utility 进程(实用程序进程)是一种专门设计用于处理独立任务的小型进程。这些任务通常是资源密集型的,可能会阻塞主浏览器进程。因此,将这些任务分离到独立的进程中,可以提高浏览器的稳定性和响应性。

要想为 utility 进程传递命令行参数,首先需要找到它被启动的时机,src\content\browser\utility_process_host.cc 文件正好扮演着管理和控制 utility 进程的角色,它负责创建和维护 utility 进程,并提供与这些进程进行通信的接口。

以下是 utility 进程在该文件中被启动时的部分源码:

```cpp
bool UtilityProcessHost::StartProcess() {
  if (started_)
    return true;
  started_ = true;
  process_->SetName(name_);
  process_->SetMetricsName(metrics_name_);
  if (RenderProcessHost::run_renderer_in_process()) {
    DCHECK(g_utility_main_thread_factory);

    in_process_thread_.reset(g_utility_main_thread_factory(
        InProcessChildThreadParams(GetIOThreadTaskRunner({}),
                                    process_->GetInProcessMojoInvitation())));
    in_process_thread_->Start();
  } else {
```

这段代码首先检查进程是否已经启动,如果已启动,则直接返回 true。然后设置进程名称和用于指纹收集的名称。如果在单进程模式下运行(通常用于开发和调试),则直接在当前进程中启动一个线程来模拟 utility 进程。

由于正常情况下启动的浏览器都应该是多进程模式的,因此重点在于 else 的部分,以下是 else 部分的具体代码:

```cpp
    const base::CommandLine& browser_command_line =
        *base::CommandLine::ForCurrentProcess();

    bool has_cmd_prefix =
```

```
    browser_command_line.HasSwitch(switches::kUtilityCmdPrefix);
......
  cmd_line->AppendSwitchASCII(switches::kProcessType,
                              switches::kUtilityProcess);

  cmd_line->AppendSwitchASCII(switches::kUtilitySubType, metrics_name_);
  BrowserChildProcessHostImpl::CopyTraceStartupFlags(cmd_line.get());
  std::string locale =
      GetContentClient()->browser()->GetApplicationLocale();
  cmd_line->AppendSwitchASCII(switches::kLang, locale);
......
```

上述代码获取了当前浏览器进程的命令行单例，并检查是否存在 kUtilityCmdPrefix 开关。接着为命令行添加了许多基本参数，如进程类型和语言。

源码分析到此为止，已经到了在 utility 进程中添加命令行参数时，本书的命令行参数添加的切入点也在此。直接将在浏览器进程中传递的 JSON 字符串交付给 utility 进程即可，代码如下：

```
//ruyi
const base::CommandLine* ruyi_command_line =
    base::CommandLine::ForCurrentProcess();
if (ruyi_command_line->HasSwitch(switches::kRuyi)) {
    const std::string ruyi_fp =
      ruyi_command_line->GetSwitchValueASCII(switches::kRuyi);
    cmd_line->AppendSwitchASCII(switches::kRuyi, ruyi_fp);
}
//ruyi 结束
```

此外，不要忘记导入头文件的相关代码，具体代码如下：

```
//ruyi
#include "base/json/json_reader.h"
#include "base/values.h"
#include "third_party/abseil-cpp/absl/types/optional.h"
//ruyi 结束
```

再次传递指纹后启动浏览器，打开计算机任务管理器，可以看到 utility 进程后边已经加上了 ruyi 命令行参数，如图 6-3 所示。

chrome.exe	8060	正在运行	losen	00	40,176 K	"C:\chromium119\src\out\ruyi\chrome.exe" --type=renderer --ruyi="{\"u...	x
chrome.exe	1608	正在运行	losen	00	53,236 K	"C:\chromium119\src\out\ruyi\chrome" --ruyi="{\"ua\":\"ruyi browser\",\...	x
chrome.exe	12216	正在运行	losen	00	1,684 K	C:\chromium119\src\out\ruyi\chrome.exe --type=crashpad-handler "--u...	x
chrome.exe	13040	正在运行	losen	00	53,040 K	"C:\chromium119\src\out\ruyi\chrome.exe" --type=gpu-process --no-pr...	x
chrome.exe	1636	正在运行	losen	00	26,464 K	"C:\chromium119\src\out\ruyi\chrome.exe" --type=utility --ruyi="{\"ua\":...	x
chrome.exe	1308	正在运行	losen	00	22,524 K	"C:\chromium119\src\out\ruyi\chrome.exe" --type=utility --ruyi="{\"ua\":...	x
chrome.exe	8352	正在运行	losen	00	49,264 K	"C:\chromium119\src\out\ruyi\chrome.exe" --type=renderer --ruyi="{\"u...	x

图 6-3　utility 进程中的命令行参数

6.2.3 HTTP 请求头 UA 匹配

由于 HTTP 中的 UA 是附在网络请求头中的,因此在寻找该指纹的切入点时,需要到 Chromium 对应的 net 模块下面,而且 HTTP 中的 UA 是属于 HTTP 的,所以 HTTP 中的 UA 代码文件在 src\net\http 目录之下,接着就可以看到请求头相关的文件 http_request_headers.cc 了。

以下代码是在 HTTP 请求头中设置键值对的函数:

```
void HttpRequestHeaders::SetHeader(
base::StringPiece key, std::string&& value) {
  CHECK(HttpUtil::IsValidHeaderName(key)) << key;
  CHECK(HttpUtil::IsValidHeaderValue(value)) << key << ":" << value;
  SetHeaderInternal(key, std::move(value));
}
void HttpRequestHeaders::SetHeaderInternal(base::StringPiece key,
                                          std::string&& value) {
  auto it = FindHeader(key);
  if (it != headers_.end())
    it->value = std::move(value);
  else
    headers_.emplace_back(key, std::move(value));
}
```

key 是 HTTP 请求头的名称,value 是 HTTP 请求头的值。通过调用 HttpUtil::IsValidHeaderName 和 HttpUtil::IsValidHeaderValue 可检查 key 和 value 是否是一个有效的 HTTP 请求头键值对。

最终调用的是 SetHeaderInternal。调用 FindHeader 函数查找名称为 key 的请求头。如果找到了,返回一个迭代器 it 指向该请求头,并更新其值为 value。如果没有找到,则使用 emplace_back 方法在 headers_ 向量中添加一个新的请求头,其键为 key、值为 value。

因此,可以直接在这里调用 SetHeaderInternal 函数来配置 UA 请求头,如果 UA 请求头已经存在,则存在的 UA 请求头会被替换为定制的内容;如果 UA 请求头不存在,则会把定制的 UA 请求头添加到 HTTP 请求头部。具体代码如下:

```
//ruyi
if (std::string(key) == "User-Agent") {
    //ruyi
    const base::CommandLine* ruyi_command_line =
        base::CommandLine::ForCurrentProcess();
    if (ruyi_command_line->HasSwitch("ruyi")) {
        const std::string ruyi_fp =
            ruyi_command_line->GetSwitchValueASCII("ruyi");
        absl::optional<base::Value> json_reader =
            base::JSONReader::Read(ruyi_fp);
        std::string ua = *(json_reader->GetDict().FindString("ua"));
```

```
        SetHeaderInternal(key, std::move(ua));
        return;
    }
    //ruyi 结束
```

在成功修改 UA 请求头之后,打开任意网站后在开发者工具中查看抓到的请求包,并切换到请求头部分,如图 6-4 所示,网络请求头修改为了定制的 UA。

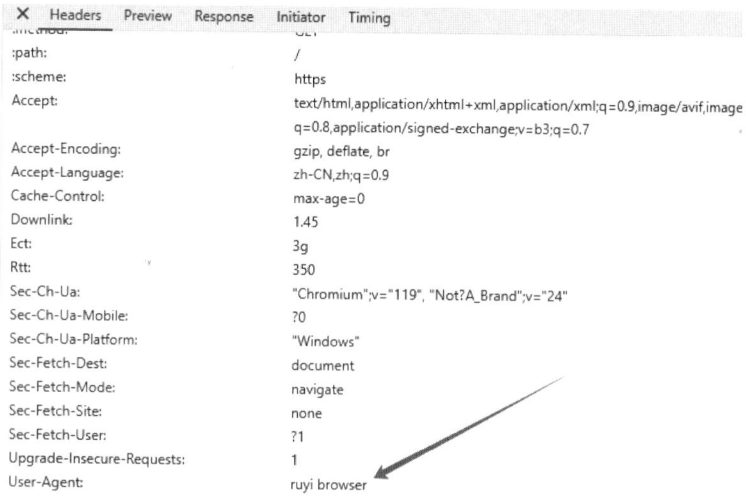

图 6-4　定制 UA

6.2.4　Client Hints 请求头关联

从图 6-4 可以看出,除了 UA 之外,还存在着大量的以 Sec 开头的请求头键值对。在浏览器的 HTTP 请求中,以 Sec 开头的请求头是与安全及隐私相关的头部字段。这些头部字段通常用于传递与安全、隐私和跨域相关的信息,以帮助浏览器和服务器之间更安全、更有效地通信。

以下是常见的以 Sec 开头的请求头键值对及其作用。

(1) Sec-Fetch-Site。

值:none、same-origin、same-site、cross-site。

作用:用来告诉服务器这个请求是从哪个网站发出来的。它可以帮服务器判断,发起请求的页面和服务器是否来自同一个网站。通过这个信息,服务器可以决定是否允许请求。

(2) Sec-Fetch-Mode。

值:navigate、no-cors、cors、same-origin、websocket。

作用:让服务器知道浏览器发起请求的具体方式,帮助服务器决定是否允许该请求,从而提高请求的安全性。例如,websocket 表示请求用于 websocket 连接。

(3) Sec-Fetch-Dest。

值:document、script、style、image、font、object、media、worker、frame、iframe、embed、manifest、audio、video、track、report、serviceworker、sharedworker、xslt。

作用：让服务器了解请求的具体用途，从而可以根据不同的资源类型采取针对性的响应策略。

（4）Sec-Fetch-User。

值：?1、?0。

作用：指示请求是否由用户触发。?1 表示是用户触发的；?0 表示不是用户触发的。

（5）Sec-Ch-Ua。

值：浏览器的用户代理字符串的一部分（包含品牌信息和版本）。

作用：包含有关用户代理的信息，是 Client Hints 的一部分，用于帮助服务器了解客户端的浏览器及其版本，以便提供相应的内容或功能。

（6）Sec-Ch-Ua-Mobile。

值：?0、?1。

作用：表明用户代理是否是移动设备。?0 表示不是移动设备，?1 表示是移动设备。

（7）Sec-Ch-Ua-Platform。

值：平台名称（如 Windows、macOS、Linux 等）。

作用：表明用户代理所运行的平台，用于服务器了解客户端的操作系统，以便优化内容或功能。

可以看出，在以 Sec 开头的请求头中，许多都是 Client Hints 的一部分。因此，在对 Client Hints 指纹进行定制修改时，需要同步对请求头中的这些键值对进行定制修改。

如果要将指纹模拟为移动端，那么 mobile 参数是需要进行定制的，在 6.2.3 节的 HTTP 请求头定制 UA 的位置处，加上以下代码即可完成 mobile 参数的定制：

```
if (std::string(key) == "sec-ch-ua-mobile") {
        ...
        std::string mob = *(json_reader->GetDict().FindString("mob"));
        SetHeaderInternal(key, std::move(mob));
        return;
}
```

除此之外，其他的 Client Hints 指纹也是需要同步更改的，如操作系统、架构、位数、平台等信息。读者可以根据本书的指纹修改模板自行测试。

6.3 本章小结

在本章的浏览器指纹关联中，Chromium 指纹定制涵盖了浏览器的各方面，包括硬件指纹和软件指纹。浏览器系统的复杂性导致其指纹之间存在相互联系，这使得前端网站能够轻松识别出伪装度较低的指纹浏览器。通过关联 WebRTC 获取的内网 IP、外网 IP 地址与 HTTP 请求中的 IP 地址，可以有效检测用户是否在使用代理。此外，还需要同步定制 Client Hints 指纹，如操作系统、设备类型和平台信息，以确保浏览器指纹的一致性和可靠性。除了书中讲到的指纹关联之外，还存在大量的指纹需要整体修改，需要读者进一步探索。

第 7 章 TLS/SSL 指纹信息

在互联网安全中，TLS/SSL 安全套接层协议的应用广泛，用于保障数据传输的保密性和完整性。随着互联网环境的复杂化，网络攻击和恶意软件变得越来越精密，仅依靠传统的加密技术已不足以完全防范威胁。在这种背景下，TLS/SSL 指纹信息及其相关技术如 JA3 和 JA4 逐渐成为焦点。本章将详细探讨浏览器中的 TLS/SSL 指纹信息，以及 JA3 和 JA4 指纹的概念、应用和技术实现。

7.1 TLS/SSL 基础知识

7.1.1 TLS/SSL 协议简介

TLS(Transport Layer Security，传输层安全)和其前身 SSL(Secure Sockets Layer，安全套接层)是用于在计算机网络上提供安全通信的加密协议。它们主要通过加密数据传输、保证数据完整性和实现身份验证来保护网络通信的安全性。

TLS/SSL 协议的开发源于互联网安全需求的增加，特别是电子商务和在线银行业务。其版本的演进大致如下所示。

(1) SSL 1.0：最初由网景公司(Netscape)于 1994 年开发，但从未公开发布，因为其安全性存在重大漏洞。

(2) SSL 2.0：1995 年发布，修复了一些安全漏洞，但仍存在一些问题，如无法保护握手过程中的所有信息。

(3) SSL 3.0：1996 年发布，对协议进行了全面修订，解决了大部分已知的安全问题，成为广泛应用的版本。

(4) TLS 1.0：1999 年由 IETF(互联网工程任务组)发布，基于 SSL 3.0 进行改进，并正式命名为 TLS。

(5) TLS 1.1：2006 年发布，改进了消息验证和握手流程。

(6) TLS 1.2：2008 年发布，引入了 SHA-256 哈希算法，并增强了加密套件的灵活性。

(7) TLS 1.3：2018 年发布，简化了握手过程，进一步提升了安全性和性能。

TLS/SSL 协议的工作原理可以分为两个主要阶段：握手阶段和数据传输阶段。接下来对其进行详细介绍。

7.1.2　TLS/SSL 握手阶段

握手阶段是 TLS/SSL 协议的核心部分,可以把它想象成两个人(客户端和服务器)在互联网上进行的一次安全对话。这个对话分为几个步骤,就像两个陌生人互相确认身份并建立一个加密的通信通道。以下是握手阶段的详细介绍。

(1) 客户端问候(ClientHello)。

客户端(如正在用的浏览器)向服务器(如访问的网站)打招呼。这就像向朋友问好并告诉他一些喜欢的通信方式,例如：

① 可以使用哪些语言(TLS 版本);

② 支持哪些加密方法(加密套件);

③ 还可以额外做些什么(扩展字段)。

这是为了让服务器知道能做什么,并选择一种大家都能使用的方法来安全地交流。

(2) 服务器问候(Server Hello)。

服务器收到问候后,会做出回应。服务器基本会做出以下回应：

① 选择一个大家都支持的语言和加密方法;

② 告诉开发者它的选择(Server Hello 消息);

③ 发送它的身份证明(数字证书),就像展示它的身份证明一样,证明它确实是开发者想要联系的人(如某个银行的网站)。

(3) 证书验证。

客户端收到服务器的身份证明后,会检查它是否有效。这就像检查朋友的身份证明,看它是不是可信的,检查点主要有以下两点：

① 是否由一个可信的机构签发(证书颁发机构);

② 是否在有效期内。

如果证书有效,客户端会继续下一步。如果证书无效,客户端会发出警告,这个网站可能不安全。

(4) 密钥交换。

客户端决定相信服务器后,会生成一个秘密代码(预置密钥),并用服务器的公钥(就像一把只有服务器能打开的锁)加密这个秘密代码,然后发送给服务器。这一步确保只有服务器能看到这个秘密代码,因为只有服务器有对应的私钥来解密它。

(5) 会话密钥生成。

服务器收到加密的秘密代码后,用它的私钥解密。现在,客户端和服务器都知道了这个秘密代码。然后,双方使用这个秘密代码和一些随机数来生成一个独特的会话密钥。这就像你和朋友决定了一起用的秘密语言,只有你们两个知道。

(6) 握手完成。

客户端和服务器都发送一条消息,告诉对方"我们已经准备好用我们的秘密语言来交流了"。这个消息是加密的,确保只有对方能读懂。这意味着已经建立了一个安全的通信通道,接下来的对话都是加密的,外人无法偷听。

通过握手阶段,客户端和服务器能够互相验证身份,确保对方是可信的。此外,还生成了一个安全的会话密钥，用于加密后续的通信。这就像你和朋友先确认彼此身份，然后决定用一个只有你们知道的密码交流，确保你们的对话不会被别人听到。这就是 TLS/SSL 握手阶段的基本过程。

7.1.3 TLS/SSL 数据传输阶段

在讨论数据传输阶段之前，先简单回顾一下 TLS/SSL 协议的整体工作流程。TLS/SSL 协议分为两个主要阶段：握手阶段和数据传输阶段。

（1）握手阶段：客户端和服务器相互认证，并商定使用的加密方式，生成一个安全的会话密钥。

（2）数据传输阶段：使用商定的加密方式和会话密钥，对实际传输的数据进行加密和解密。

数据传输阶段是 TLS/SSL 协议的第二个阶段，也是最主要的部分。在这个阶段，客户端和服务器已经通过握手阶段建立了一个安全的连接，它们将使用这个安全连接进行数据交换。假设正在访问一个使用 TLS/SSL 的安全网站，如银行网站。在握手阶段完成后，数据传输阶段就开始了。

这个阶段主要包括以下步骤。

（1）数据加密。

浏览器（客户端）和银行服务器之间传输的数据都会被加密。加密意味着即使有人拦截了这些数据，他们也无法读懂内容，因为数据被转换为一种只有本人和银行服务器才能解密的秘密语言。

（2）数据完整性检查。

每当浏览器发送或接收数据时，它会附带一个校验码（消息认证码，MAC）。这个校验码是根据数据内容计算出来的，可以用来验证数据在传输过程中有没有被篡改。如果接收到的数据校验码和发送时的校验码不一致，就表示数据可能被篡改了，浏览器和服务器会拒绝接收这段数据。

（3）解密数据。

当数据到达银行服务器时，服务器会使用之前握手阶段生成的会话密钥来解密数据。解密就是把数据从秘密语言还原成原始的内容。同样，当银行服务器发送数据给浏览器时，浏览器也会使用会话密钥来解密这些数据。

拿一个简单的例子来说，用户在银行网站上填写了一份在线转账表单。浏览器会用会话密钥对这个表单加密，然后附上校验码，发送给银行服务器。数据被加密后，即使被黑客拦截，他们看到的也只是乱码。

银行服务器接收到加密的数据后，会用会话密钥解密，得到用户填写的转账信息。服务器同时会检查校验码，确保数据在传输过程中没有被篡改。如果一切正常，银行服务器会处理用户的转账请求。

处理完转账请求后，银行服务器会生成一个响应信息，如转账成功或余额不足。服务器会用会话密钥加密这个响应信息，并附上校验码，发送给用户的浏览器。浏览器接收到响应信息后，用会话密钥解密并显示出来。

总而言之,在数据传输阶段,TLS/SSL 协议通过加密和校验机制,确保数据在客户端和服务器之间安全地传输。这样,即使在不安全的网络环境中,也可以放心地进行在线转账、在线购物等敏感操作。这就是为什么在访问许多重要网站时,会看到地址栏上有一个小锁图标,如图 7-1 所示,表示网站正在使用 TLS/SSL 来保护数据。

图 7-1 HTTPS 通信

7.2 TLS/SSL 指纹信息

7.2.1 JA3 指纹

TLS/SSL 指纹信息是一种在 TLS/SSL 握手阶段中生成的特征值,用于唯一标识客户端或服务器的 TLS/SSL 配置。TLS/SSL 指纹通过分析 TLS/SSL 握手消息(尤其是 Client Hello 消息)中的各种字段来生成。这些指纹可用于识别和分类客户端类型、检测异常流量、分析恶意软件行为等。

在了解如何从 Client Hello 消息中获取指纹信息之前,先简要回顾一下 TLS/SSL 的握手阶段。

(1) Client Hello:客户端发送 Client Hello 消息,包含支持的协议版本、加密套件、扩展字段等。

(2) Server Hello:服务器响应 Server Hello 消息,选择协议版本和加密套件,并发送服务器证书。

(3) 密钥交换:客户端和服务器交换密钥,生成会话密钥。

(4) 握手完成:双方确认握手完成,开始加密的数据传输。

Client Hello 消息是 TLS/SSL 握手阶段的第一步,包含了大量关键信息。通过分析这些信息,可以生成客户端的 TLS/SSL 指纹。通过 Wireshark 抓包工具获取 TLS/SSL 握手包之后,可以打开查看具体内容,如图 7-2 所示。

以下是获取 TLS/SSL 指纹的详细步骤。

(1) 捕获 Client Hello 消息。

在 TLS/SSL 握手过程中,Client Hello 消息是客户端发送的第一条消息。需要使用网络嗅探工具(如 Wireshark)捕获这条消息,以便提取指纹信息。

(2) 提取关键字段。

Client Hello 消息包含多个字段,每个字段在生成指纹时都有重要作用。

主要字段具体如下。

① 协议版本(Version):客户端支持的 TLS 版本。

② 随机数(Random):一个随机生成的数值,用于后续密钥生成。

③ 会话 ID(Session ID):用于会话重用(指纹中不包括这个字段)。

④ 加密套件列表(Cipher Suites):客户端支持的加密算法组合。

⑤ 压缩方法列表(Compression Methods):客户端支持的压缩算法。

```
Wireshark · 分组 7103 · WLAN
> Frame 7103: 283 bytes on wire (2264 bits), 283 bytes captured (2264 bits) on interface \Device\NPF_{877AA057-8C8A-480C-8EC1-83CB00ED5A46}, id 0
> Ethernet II, Src: Intel_3f:4d:e1 (28:d0:ea:3f:4d:e1), Dst: RuijieNetwor_6a:e1:e7 (28:d0:f5:6a:e1:e7)
> Internet Protocol Version 4, Src: 192.168.252.116, Dst: 20.190.148.165
> Transmission Control Protocol, Src Port: 10130, Dst Port: 443, Seq: 1, Ack: 1, Len: 229
∨ Transport Layer Security
   ∨ TLSv1.2 Record Layer: Handshake Protocol: Client Hello
        Content Type: Handshake (22)
        Version: TLS 1.2 (0x0303)
        Length: 224
      ∨ Handshake Protocol: Client Hello
           Handshake Type: Client Hello (1)
           Length: 220
           Version: TLS 1.2 (0x0303)
         > Random: 664f0d8c8853adb53977a8b1f80f8efaee9443ccf83edf0e9a43273a5005de3a
           Session ID Length: 32
           Session ID: 884b0000b0d88b088ca1d3ef45a4c26097373838bce81ca3baebe3d5cf067fa5
           Cipher Suites Length: 36
         > Cipher Suites (18 suites)
           Compression Methods Length: 1
         > Compression Methods (1 method)
           Extensions Length: 111
         > Extension: server_name (len=19) name=login.live.com
         > Extension: status_request (len=5)
         > Extension: supported_groups (len=8)
         > Extension: ec_point_formats (len=2)
         > Extension: signature_algorithms (len=26)
         > Extension: session_ticket (len=0)
         > Extension: application_layer_protocol_negotiation (len=14)
         > Extension: extended_master_secret (len=0)
         > Extension: renegotiation_info (len=1)
           [JA4: t12d1809h2_4b22cbed5bed_7af1ed941c26]
           [JA4_r: t12d1809h2_002f,0035,003c,003d,009c,009d,c009,c00a,c013,c014,c023,c024,c027,c028,c02b,c02c,c02f,c030_0005,000a,000b,000d,0017,0023,ff01_...
           [JA3 Fullstring: 771,49196-49195-49200-49199-49188-49187-49192-49191-49162-49161-49172-49171-157-156-61-60-53-47,0-5-10-11-13-35-16-23-65281,29-...
           [JA3: 091f51a7a1c3a4504a224cc081ce9cee]
```

图 7-2　Client Hello 信息

⑥ 扩展字段（Extension）：客户端支持的扩展选项，如支持的签名算法（signature-algorithms）等。

（3）生成指纹字符串。

将上述字段按照一定顺序组合成一个字符串，形成指纹。以 JA3 指纹为例，JA3 指纹通过以下方式生成。

① TLS 版本：用数字表示（如 771 代表 TLS 1.2）。

② 加密套件：用数字表示并以 - 分隔。

③ 支持的扩展：用数字表示并以 - 分隔。

④ 支持的椭圆曲线：用数字表示并以 - 分隔。

⑤ 支持的椭圆曲线格式：用数字表示并以 - 分隔。

一个典型的 JA3 字符串示例如下所示：

```
771,
4865-4866-4867-49195-49199-49196-49200-52393-52392-49171-49172-156-47-53,
51-43-65281-35-16-23-45-0-27-18-65037-10-11-5-17513-13,
25497-29-23-24,
0
```

这个 JA3 字符串搜集的信息依次为 TLS 版本、加密套件、支持的扩展、支持的椭圆曲线和支持的椭圆曲线格式。

JA3 目前的应用场景比较广泛，恶意软件通常使用特定的 TLS 指纹，通过 JA3 可以识别这些指纹并采取措施。而且网络管理员可以使用 JA3 指纹对网络流量进行分类，识别不同类型的客户端和应用程序。通过记录和分析 JA3 指纹，还可以进行网络安全审计和异常检测。

7.2.2 JA4 指纹

在 JA3 指纹没发展多久，Google 的 Chrome 浏览器就随机化了 TLS 的 Client Hello 消息中的扩展顺序。由于 Chrome 的 110 发布版或者 106 开发试用版之后的浏览器版本都默认随机化了 Client Hello 消息中的扩展顺序，因此 JA3 本身现在已经不是固定的了，每次访问都是随机的。

为了弥补 JA3 的缺陷，JA4 应运而生。JA4 指纹是根据 TLS Client Hello 消息生成的唯一的指纹值。通过这种指纹，可以识别不同的客户端应用程序及其基础 TLS 库。JA4 指纹基于 TLS Client Hello 消息中的特定字段，通过将这些字段按一定顺序哈希处理后组合成一个唯一的指纹。

JA4 指纹由 3 部分组成：JA4_a、JA4_b、JA4_c，以下是一个常见的 JA4 指纹：

```
JA4=t13d1516h2_acb858a92679_e5627efa2ab1
```

JA4_a：t13d1516h2。t（TCP）、13（TLS 1.3）、d（有 SNI）、15（加密套件数量）、16（扩展数量）、h2（第一个 ALPN 值）。

JA4_b：acb858a92679。截断 SHA-256 哈希值，对加密套件进行排序后生成。

JA4_c：e5627efa2ab1。截断 SHA-256 哈希值，对扩展字段进行排序并包含签名算法。

JA4_a 关键字段含义如下。

（1）协议（Protocol）：TCP 用 t 表示，QUIC 用 q 表示。

（2）TLS 版本（TLS Version）：TLS 1.2 用 12 表示，TLS 1.3 用 13 表示。

（3）服务器名称指示（Server Name Indication，SNI）：如果客户端提供了 SNI，SNI 用 d 表示；如果客户端没有提供 SNI，SNI 用 i 表示。

（4）ALPN 值（First ALPN Value）：没有 ALPN 则用 00 表示，HTTP/2 用 h2 表示，HTTP/1.1 用 h1 表示，DNS-over-TLS 用 dt 表示。

从 JA4 的组成可以看出，JA4 指纹能够固定下来的原因在于将浏览器随机的各类字段信息重新排序之后再计算哈希，因此无论如何随机都是无用的，除非增删其中的组件。

7.3 TLS/SSL 指纹修改

7.3.1 BoringSSL 介绍

BoringSSL 是由 Google 开发和维护的一个 TLS/SSL 库，它是从 OpenSSL 分叉出来的，目的是为 Google 的内部和 Chromium 项目提供更合适的 TLS/SSL 解决方案。BoringSSL 并不作为一个通用的加密库使用，它针对 Google 和 Chromium 的需求进行了优化和定制。

BoringSSL 支持 TLS 1.2、TLS 1.3 及 QUIC 协议，QUIC 协议是 HTTP/3 标准使用

的协议,封装在 UDP 数据包中。BoringSSL 还支持广泛的加密算法,包括对称加密、非对称加密和哈希算法,还集成了现代的加密算法。作为一个为 Chromium 定制的组件,BoringSSL 针对性能关键路径进行了优化,确保在高流量和低延迟应用中表现出色,而且移除了许多不常用的算法和功能,减少了代码库的体积和复杂性。BoringSSL 作为 Chromium 项目的核心 TLS/SSL 库,提供了安全的通信能力。以下是 BoringSSL 在 Chromium 中的一些关键应用。

(1) HTTPS 通信:为 Chrome 浏览器提供 HTTPS 加密通信,确保用户与服务器之间的数据传输安全。

(2) QUIC 支持:支持 QUIC 协议,为 HTTP/3 提供底层加密支持。

(3) 证书验证:处理 SSL/TLS 证书的验证,包括证书链验证和证书吊销检查。

(4) 安全更新:通过 BoringSSL 的快速更新机制及时修复安全漏洞,确保 Chromium 始终使用最新的安全技术。

7.3.2 TLS/SSL 指纹修改说明

由于 JA3 在 Chromium 浏览器中已经被随机化,因此本书重点将目标放在 JA4 指纹上。该指纹将 Client Hello 中的加密套件和拓展组件的信息排序后再进行哈希,从而可以得到固定的 TLS/SSL 指纹信息。想要对其进行修改,就需要对 TLS/SSL 中的算法或者组件进行增删。

通过访问网站 tls.peet.ws 可以看到本机的各类 TLS/SSL 指纹信息,如图 7-3 所示。其中的加密套件、拓展字段和椭圆曲线算法都是不能随意更改的,随意替换其中的组件,很可能导致 TLS/SSL 在通信时握手失败。本章选择修改其中的 TLS_GREASE 来达到 TLS/SSL 指纹修改的目的。

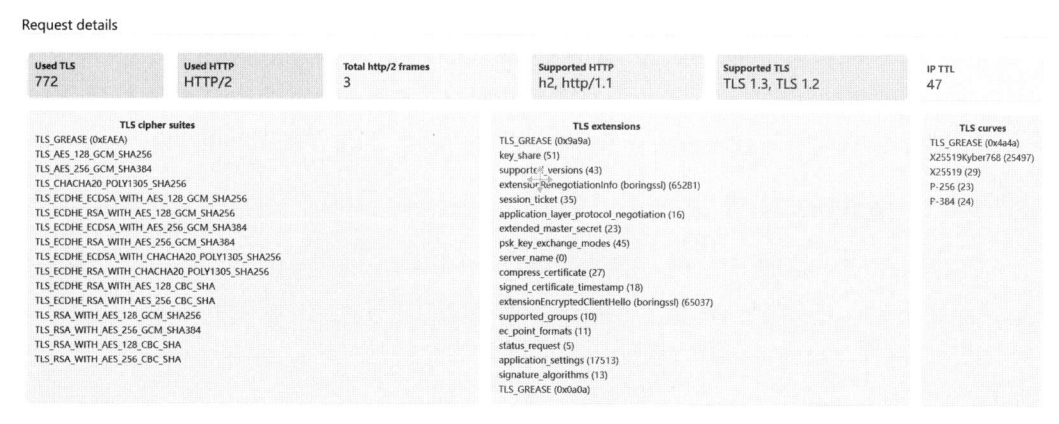

图 7-3　TLS 指纹信息

TLS_GREASE 是由 Google 提出的一种用于增强 TLS 协议灵活性的技术,旨在防止协议的"固化"(ossification)。GREASE 是 Generate Random Extensions And Sustain Extensibility 的缩写,意思是生成随机扩展并维持可扩展性。TLS_GREASE 的目的是在 TLS 握手中添加一些随机的、不固定的内容。这样做可以防止服务器和中间设备过于依赖某一种特定的 TLS 协议实现,使得协议能更好地适应未来的变化和更新。简单来说,它能帮助保证 TLS 协议在未来仍然灵活有效。

在 TLS 协议中,握手消息如 Client Hello 包含了大量的信息,包括支持的协议版本、加密套件、扩展字段等。如果这些字段的内容和顺序是固定的,那么服务器和中间设备可能会根据这些特定实现行为进行优化和调整,从而导致协议的固化。协议固化会导致以下问题。

(1) 兼容性问题:当协议需要进行更新或扩展时,固化的实现可能无法正确处理新的扩展或变更,导致兼容性问题。

(2) 安全隐患:固化的协议可能会限制安全改进和新特性的引入,使得协议难以应对新的安全威胁。

TLS_GREASE 通过在 TLS 握手消息中引入随机的、无意义的值来防止协议固化。这些值不会影响实际的 TLS 连接,但会要求服务器和中间设备必须具备处理未知值的能力,从而提高协议的灵活性。

在 Client Hello 消息中,TLS_GREASE 主要在以下几个字段中引入随机值。

(1) Cipher Suites:在支持的加密套件列表中插入随机的 GREASE 值。

(2) Extensions:在扩展字段列表中插入随机的 GREASE 值。

(3) Supported Versions:在支持的协议版本列表中插入随机的 GREASE 值。

这些 GREASE 值都是特定的占位符,在实际握手过程中不会被真正使用。例如,GREASE 值通常选预定义的一组值,这些值的格式和范围确保它们不会与实际使用的值冲突。

GREASE 值的定义和使用是有标准的。以下是一些示例。

(1) Cipher Suites:0x0A0A、0x1A1A、0x2A2A、……、0xFAFA。

(2) Extensions:0x0A0A、0x1A1A、0x2A2A、……、0xFAFA。

(3) Supported Versions:0x0A0A、0x1A1A、0x2A2A、……、0xFAFA。

由于这些值在插入 Client Hello 消息中后,在 TLS 握手过程中不会被实际使用,因此服务器会选择直接忽略它们。这样一来,就可以放心对该值进行随机定制了。

7.3.3 TLS/SSL 指纹修改

TLS/SSL 作为 BoringSSL 的一部分,其源码位于 src\third_party\boringssl 之中,为了能够修改其中的组件信息,首先需要修改 BoringSSL 组件库,在其中添加一个桥接的函数,用于开放给 Chromium 使用。Chromium 通过这个桥接的接口,就可以和内部的组件联系起来了。

为了能够实现自定义的方法,需要在 ssl.h 文件中声明自定义的函数,代码如下:

```
//ruyi
OPENSSL_EXPORT void SSL_set_add_grease_cipher(SSL* ssl, unsigned use_new);
//ruyi结束
```

这里定义了一个能够给 TLS 的算法套件中添加 GREASE 的函数,第一个参数指向

SSL 结构体的指针,它代表一个 SSL/TLS 连接。第二个参数是一个布尔值,用于指示传递的 GREASE 加密套件的值。

接着到 ssl_lib.cc 文件中对其进行具体实现,代码如下:

```
//ruyi
void SSL_set_add_grease_cipher(SSL * ssl, unsigned use_new) {
    if (!ssl->config) {
        return;
    }
    ssl->config->add_grease_cipher = use_new;
}
//ruyi 结束
```

这里将要定制的 GREASE 的值加到了 ssl 的配置中,后续需要时,再从这个配置中取出来。

同时,为了能够在 ssl 的配置中对定制的 GREASE 进行操作,需要在 CONFIG 中进行初始化。先将定制的 GREASE 定义在 SSL_CONFIG 当中,代码如下:

```
struct SSL_CONFI{
...
  //ruyi
  int add_grease_cipher;
  //ruyi 结束
}
```

接着,在初始化时,为配置中的值设置一个初始变量,代码如下:

```
SSL_CONFIG::SSL_CONFIG(SSL * ssl_arg)
    : ssl(ssl_arg),
      ech_grease_enabled(false),
      signed_cert_timestamps_enabled(false),
      ocsp_stapling_enabled(false),
      channel_id_enabled(false),
      enforce_rsa_key_usage(true),
      retain_only_sha256_of_client_certs(false),
      handoff(false),
      shed_handshake_config(false),
      jdk11_workaround(false),
      quic_use_legacy_codepoint(false),
      permute_extensions(false),
      alps_use_new_codepoint(false),
      add_grease_cipher(0){
  assert(ssl);
}
```

完成上述操作之后,就在 BoringSSL 中定义了属于我们自己的方法 SSL_set_add_grease_cipher,并且将其对外开放,使得能够在 Chromium 中调用它。

TLS/SSL 在 Chromium 的实际应用中属于网络模块，在应用该模块时，需要到 Chromium 源码的 net 目录下查找。而且，因为 Client Hello 包的信息属于客户端信息，所以最终需要到 ssl_client_socket_impl.cc 文件中查看。

由于本书是通过指纹传参的形式来固定指纹信息的，因此需要在初始化时，将传递的指纹信息交付给网络模块。而这一点已经在前面的 HTTP 指纹的地方修改过了，所以在这里可以直接接收并处理指纹信息。

接下来，需要分析源码中的 SSLClientSocketImpl::Init 函数，以找到合适的切入点来传递指纹信息，代码如下：

```
int SSLClientSocketImpl::Init() {
  DCHECK(!ssl_);
  SSLContext* context = SSLContext::GetInstance();
  crypto::OpenSSLErrStackTracer err_tracer(FROM_HERE);
```

源码首先确保 ssl_ 未初始化，否则在调试模式下会触发断言。然后获取单例的 SSLContext 实例，用于后续的 SSL 操作。最后的操作用于跟踪 OpenSSL 错误栈，以便在日志中记录错误信息。

接着创建新的 SSL 对象并关联到当前 SSL 上下文。host_is_ip_address 用于检查主机名是否是 IP 地址，如果主机名不是 IP 地址，设置 SNI 扩展；如果启用了后量子密钥协商，则设置支持的椭圆曲线。代码如下：

```
ssl_.reset(SSL_new(context->ssl_ctx()));
if (!ssl_ || !context->SetClientSocketForSSL(ssl_.get(), this))
  return ERR_UNEXPECTED;
const bool host_is_ip_address =
    HostIsIPAddressNoBrackets(host_and_port_.host());
if (!host_is_ip_address &&
    !SSL_set_tlsext_host_name(ssl_.get(), host_and_port_.host().c_str()))
 {
  return ERR_UNEXPECTED;
}
if (context_->config().PostQuantumKeyAgreementEnabled()) {
  static const int kCurves[] = {NID_X25519Kyber768Draft00, NID_X25519,
                                NID_X9_62_prime256v1, NID_secp384r1};
  if (!SSL_set1_curves(ssl_.get(), kCurves, std::size(kCurves))) {
    return ERR_UNEXPECTED;
  }
}
```

然后进行会话缓存处理。如果启用了缓存，则从缓存中查找 SSL 会话；如果未找到 SSL 会话，则尝试使用 IP 地址再次查找；如果找到 SSL 会话，则将找到的 SSL 会话设置为当前 SSL 会话。代码如下：

```
if (IsCachingEnabled()) {
  bssl::UniquePtr<SSL_SESSION> session =
```

```
        context_->ssl_client_session_cache()->Lookup(
            GetSessionCacheKey(/*dest_ip_addr=*/absl::nullopt));
  if (!session) {
    IPEndPoint peer_address;
    if (stream_socket_->GetPeerAddress(&peer_address) == OK) {
      session = context_->ssl_client_session_cache()->Lookup(
          GetSessionCacheKey(peer_address.address()));
    }
  }

  if (session)
    SSL_set_session(ssl_.get(), session.get());
}
```

之后，要设置 TLS 版本和早期数据。获取最小和最大 TLS 版本，如果版本低于 TLS 1.2，则返回错误，然后设置 SSL 对象的最小和最大协议版本，最后根据配置启用早期数据传输。代码如下：

```
uint16_t version_min = ssl_config_.
    version_min_override.value_or(context_->config().version_min);
uint16_t version_max = ssl_config_.
    version_max_override.value_or(context_->config().version_max);

if (version_min < TLS1_2_VERSION || version_max < TLS1_2_VERSION) {
  return ERR_UNEXPECTED;
}
if (!SSL_set_min_proto_version(ssl_.get(), version_min) ||
    !SSL_set_max_proto_version(ssl_.get(), version_max)) {
  return ERR_UNEXPECTED;
}
SSL_set_early_data_enabled(ssl_.get(), ssl_config_.early_data_enabled);
```

接着对 SSL 选项和模式进行配置。例如，禁用压缩和启用遗留服务器连接，释放缓冲区和启用 False Start 等。代码如下：

```
SslSetClearMask options;
......
SSL_set_mode(ssl_.get(), mode.set_mask);
SSL_clear_mode(ssl_.get(), mode.clear_mask);
std::string command("ALL:!aPSK:!ECDSA+SHA1:!3DES");
```

最后一句代码初始化了一个包含所有加密套件的字符串，排除了一些不安全或不推荐的加密套件，其具体含义如下所示。

（1）ALL：包括所有可用的加密套件。

（2）!aPSK：排除所有预共享密钥（PSK）套件。

（3）!ECDSA+SHA1：排除使用 SHA-1 的 ECDSA 套件。

(4)!3DES：排除 3DES 加密套件。

如果配置要求使用椭圆曲线临时密钥交换（Elliptic Curve Diffie-Hellman Ephemeral，ECDHE），则排除所有使用 RSA 密钥交换的套件。代码如下：

```
if (ssl_config_.require_ecdhe)
  command.append(":!kRSA");
```

接着从配置中获取禁用的加密套件列表，并将每个套件的名称添加到排除列表中。代码如下：

```
for (uint16_t id : context_->config().disabled_cipher_suites) {
  const SSL_CIPHER* cipher = SSL_get_cipher_by_value(id);
  if (cipher) {
    command.append(":!");
    command.append(SSL_CIPHER_get_name(cipher));
  }
}
```

然后使用 SSL_set_strict_cipher_list 函数将配置的加密套件列表应用到 SSL 对象上。如果设置失败，记录错误日志并返回错误码 ERR_UNEXPECTED。代码如下：

```
if (!SSL_set_strict_cipher_list(ssl_.get(), command.c_str())) {
  LOG(ERROR) << "SSL_set_cipher_list('" << command << "') failed";
  return ERR_UNEXPECTED;
}
```

最后配置签名算法偏好。如果配置要求禁用 SHA-1 服务器签名，就定义一个包含首选签名算法的数组，按安全性和优先级排序，并且使用 SSL_set_verify_algorithm_prefs 函数将签名算法偏好设置到 SSL 对象上。如果设置失败，返回错误码 ERR_UNEXPECTED。代码如下：

```
if (ssl_config_.disable_sha1_server_signatures) {
  static const uint16_t kVerifyPrefs[] = {
      SSL_SIGN_ECDSA_SECP256R1_SHA256, SSL_SIGN_RSA_PSS_RSAE_SHA256,
      SSL_SIGN_RSA_PKCS1_SHA256,       SSL_SIGN_ECDSA_SECP384R1_SHA384,
      SSL_SIGN_RSA_PSS_RSAE_SHA384,    SSL_SIGN_RSA_PKCS1_SHA384,
      SSL_SIGN_RSA_PSS_RSAE_SHA512,    SSL_SIGN_RSA_PKCS1_SHA512,
  };
  if (!SSL_set_verify_algorithm_prefs(ssl_.get(),
      kVerifyPrefs, std::size(kVerifyPrefs))) {
    return ERR_UNEXPECTED;
```

选择将切入点放在禁用加密套件列表之后，如果已经将命令行参数传递到了 utility 进程，那么下面的代码是可以直接获取到定制信息的：

```
//ruyi
const base::CommandLine * ruyi_command_line =
    base::CommandLine::ForCurrentProcess();
if (ruyi_command_line->HasSwitch("ruyi")) {
  const std::string ruyi_fp =
      ruyi_command_line->GetSwitchValueASCII("ruyi");
  absl::optional<base::Value> json_reader =
      base::JSONReader::Read(ruyi_fp);
  double my_ssl_grease =
* (json_reader->GetDict().FindDouble("ssl_grease"));
  LOG(INFO) << "my_ssl_grease('" << my_ssl_grease << "')";
  SSL_set_add_grease_cipher(ssl_.get(), my_ssl_grease);
}
//ruyi 结束
```

接下来,就是要将定制信息传递 BoringSSL 包中,并且在设置 TLS_GREASE 的时候,把定制的值传递过去。

经过对 BoringSSL 源码的研究,发现在 src\third_party\boringssl\src\ssl 中存在一个名为 handshake.cc 的文件,其中有这样一个函数,代码如下:

```
uint16_t ssl_get_grease_value(const SSL_HANDSHAKE * hs,
                              enum ssl_grease_index_t index) {
  uint16_t ret = grease_index_to_value(hs, index);
  if (index == ssl_grease_extension2 &&
      ret == grease_index_to_value(hs, ssl_grease_extension1)) {
    ret ^= 0x1010;
  }
  return ret;
}
```

这个函数用于在 SSL/TLS 握手过程中生成 GREASE 值。第一个参数指向 SSL/TLS 握手上下文的指针。第二个参数是枚举类型,指示要生成的 GREASE 值的类别。

它首先调用 grease_index_to_value 函数,根据握手上下文 hs 和指定的索引 index 生成一个 GREASE 值,并将其存储在 ret 中。

最后检查当前的索引是否为 ssl_grease_extension2,以及生成的 GREASE 值是否与 ssl_grease_extension1 的 GREASE 值相同。如果相同,对 ret 进行异或操作(ret ^= 0x1010),以确保 ssl_grease_extension1 和 ssl_grease_extension2 的 GREASE 值不相同。

grease_index_to_value 函数如下所示:

```
static uint16_t grease_index_to_value(const SSL_HANDSHAKE * hs,
                                       enum ssl_grease_index_t index) {
  uint16_t ret = hs->grease_seed[index];
  ret = (ret & 0xf0) | 0x0a;
  ret |= ret << 8;
  return ret;
}
```

从给定的 SSL/TLS 握手上下文和 GREASE 索引生成一个 GREASE 值。GREASE 值通过特定的算法生成，以确保其格式和范围符合 GREASE 规范。

综上所述，可以判断 TLS/SSL 协议是使用 ssl_get_grease_value 函数来生成 GREASE 的。通过对该函数进行检索，可以发现 handshake_client.cc 文件调用了该函数，代码如下：

```
static bool ssl_write_client_cipher_list
(const SSL_HANDSHAKE *hs, CBB *out,ssl_client_hello_type_t type) {
  const SSL *const ssl = hs->ssl;
  uint32_t mask_a, mask_k;
  ssl_get_client_disabled(hs, &mask_a, &mask_k);
  CBB child;
  if (!CBB_add_u16_length_prefixed(out, &child)) {
    return false;
  }
```

该段代码开头创建一个子 CBB(子缓冲区构建器) child，用于存储加密套件列表。如果 CBB_add_u16_length_prefixed 调用失败，返回 false。

接着检查 grease_enabled 标志是否启用，如果启用，则添加一个伪随机的 GREASE 加密套件。调用 ssl_get_grease_value 函数生成 GREASE 加密套件值，并将其添加到 child 中。如果 CBB_add_u16 调用失败，返回 false。代码如下：

```
//Add a fake cipher suite. See RFC 8701.
if (ssl->ctx->grease_enabled &&
    !CBB_add_u16(&child, ssl_get_grease_value(hs, ssl_grease_cipher))) {
  return false; }
```

这里对 TLS 1.3 加密套件进行了处理，检查 hs->max_version 是否大于或等于 TLS 1.3，然后根据配置和硬件支持情况确定是否支持 AES 硬件加速。代码如下：

```
if (hs->max_version >= TLS1_3_VERSION) {
  const bool has_aes_hw = ssl->config->aes_hw_override
                            ? ssl->config->aes_hw_override_value
                            : EVP_has_aes_hardware();
  if ((!has_aes_hw &&  //
    !ssl_add_tls13_cipher(&child,
                          TLS1_3_CK_CHACHA20_POLY1305_SHA256 & 0xffff,
                          ssl->config->tls13_cipher_policy)) ||
    !ssl_add_tls13_cipher(&child, TLS1_3_CK_AES_128_GCM_SHA256 & 0xffff,
                          ssl->config->tls13_cipher_policy) ||
    !ssl_add_tls13_cipher(&child, TLS1_3_CK_AES_256_GCM_SHA384 & 0xffff,
                          ssl->config->tls13_cipher_policy) ||
      (has_aes_hw &&  //
    !ssl_add_tls13_cipher(&child,
                          TLS1_3_CK_CHACHA20_POLY1305_SHA256 & 0xffff,
                          ssl->config->tls13_cipher_policy))) {
```

```
      return false;
    }
}
```

这段代码用于配置和启用支持 TLS 1.3 的加密套件。它的主要目的是根据系统是否支持 AES 硬件加速,来动态地添加不同的加密套件,以确保加密连接的安全性和性能。具体步骤如下:

(1) 如果不支持 AES 硬件加速,尝试添加 TLS1_3_CK_CHACHA20_POLY1305_SHA256 加密套件。

(2) 尝试添加 TLS1_3_CK_AES_128_GCM_SHA256 和 TLS1_3_CK_AES_256_GCM_SHA384 加密套件。

(3) 如果支持 AES 硬件加速,再次尝试添加 TLS1_3_CK_CHACHA20_POLY1305_SHA256 加密套件。

(4) 如果任何一步添加失败,则返回 false。

然后对 TLS 低于 1.3 的版本进行处理。检查是否支持低于 TLS 1.3 的版本,并且客户端 Hello 类型不是 ssl_client_hello_inner。代码如下:

```
if (hs->min_version < TLS1_3_VERSION && type != ssl_client_hello_inner) {
  bool any_enabled = false;
  for (const SSL_CIPHER * cipher : SSL_get_ciphers(ssl)) {
    //跳过禁用的加密算法
    if ((cipher->algorithm_mkey & mask_k) ||
        (cipher->algorithm_auth & mask_a)) {
      continue;
    }
    if (SSL_CIPHER_get_min_version(cipher) > hs->max_version ||
        SSL_CIPHER_get_max_version(cipher) < hs->min_version) {
      continue;
    }
    any_enabled = true;
    if (!CBB_add_u16(&child, SSL_CIPHER_get_protocol_id(cipher))) {
      return false;
    }
  }

  //如果所有加密套件都被禁用,则将错误返回给调用者
  if (!any_enabled && hs->max_version < TLS1_3_VERSION) {
    OPENSSL_PUT_ERROR(SSL, SSL_R_NO_CIPHERS_AVAILABLE);
    return false;
  }
}
```

这里遍历了所有支持的加密套件:

(1) 跳过被禁用的加密套件(根据 mask_k 和 mask_a);

(2) 跳过不符合版本要求的加密套件(根据 min_version 和 max_version);

(3) 如果存在至少一个启用的加密套件,则将其添加到 child 中;

（4）如果没有任何启用的加密套件，并且最大版本小于 TLS 1.3，则返回错误并设置错误代码。

这段代码确保生成的加密套件列表既包含符合配置和硬件支持的 TLS 1.3 加密套件，也包含低于 TLS 1.3 的合适加密套件，最终生成一个完整的加密套件列表以用于 SSL/TLS 握手。

这个文件可以对加密套件进行修改定制，但是本书只对 GREASE 值进行定制添加。可以选择在生成 GREASE 值的地方添加以下代码，读者可以根据自身需求自由更改生成方式：

```
//ruyi
if (ssl->config->add_grease_cipher) {
    if (ssl->ctx->grease_enabled &&
        !CBB_add_u16(&child, ssl->config->add_grease_cipher ^= 0x1010)) {
        return false;
    }
}
//ruyi 结束
```

完成上述全部操作之后，就可以修改 TLS/SSL 指纹信息了，而且由于新增的是 GREASE 组件，因此对 TLS 通信没有任何妨碍。即便 JA4 对组件进行了重新排序，但是由于这里新增了组件，因此 JA4 指纹还是会随之变动，如图 7-4 所示。

图 7-4　TLS 新增 GREASE

可以看出，新增了 GREASE，不仅修改了 TLS/SSL 指纹信息，而且访问 HTTPS 链接也是没有任何问题的。

7.4　本章小结

本章深入探讨了 TLS/SSL 指纹信息及其在互联网安全中的应用和重要性。本章首先回顾了 TLS/SSL 协议的基础知识，包括其发展历史和主要版本的特性，并详细介绍了

TLS/SSL 握手和数据传输阶段的工作原理。这些基本概念为理解后续的指纹技术奠定了基础。

接着，本章介绍了 JA3 和 JA4 指纹技术。JA3 通过分析 Client Hello 消息中的各个字段生成唯一指纹，用于识别和分类客户端类型、检测异常流量和分析恶意软件行为。由于 JA3 在某些浏览器中的随机化限制，因此 JA4 作为其改进版，通过重新排序和哈希处理确保指纹的唯一性和稳定性，从而更有效地应用于安全检测和流量分析。此外，本章详细讲解了如何通过修改 TLS/SSL 库（如 BoringSSL）来实现指纹信息的自定义和优化。通过添加 TLS_GREASE 技术，增强了 TLS 协议的灵活性和可扩展性，避免了协议固化带来的安全和兼容性问题。

本章全面介绍了 TLS/SSL 指纹技术及其实现方法，为进一步的研究和应用提供了翔实的理论和实践指导。

第 8 章 自动化驱动指纹浏览器

前面的内容已经开发出了基础的 Chromium 指纹浏览器,除了直接在命令行中进行参数传递外。还可以使用各类自动化软件进行驱动,包括 Selenium、Puppeteer 和 Playwright 等。只要是能够驱动浏览器的框架,就能够驱动开发出的 Chromium 指纹浏览器,这是因为开发出的指纹浏览器本身就是基于 Chromium 的,只是在此基础上新增了功能。

8.1 自动化驱动浏览器

8.1.1 自动化浏览器技术概述

自动化浏览器技术是一种用于自动控制和操作浏览器的技术。它广泛应用于网页测试、数据抓取、自动化操作等领域。自动化浏览器通过脚本和代码模拟用户在浏览器中的操作,可以自动执行点击、输入、导航等一系列任务,从而提高工作效率和准确性。

自动化浏览器在现代技术中具有重要意义。它显著提高了网页测试的效率和覆盖率,传统的手动测试耗时费力,且容易遗漏细节,而自动化测试工具可以快速执行大量测试用例,保证网页功能的正确性和稳定性。自动化浏览器在数据抓取方面有着广泛应用,通过编写脚本可以自动从网页中提取所需的数据,极大地方便了数据收集和分析工作。此外,自动化浏览器还可以用于实现各种自动化操作,如自动填写表单、自动进行数据录入等,大幅减少了人工操作的时间和成本。

早期的自动化工具以简单的脚本和宏录制工具为主。这些工具可以记录用户的操作并重放,从而实现基本的自动化功能。然而,这些工具的功能有限,无法应对复杂的网页交互和动态内容。随着技术的进步,越来越多功能强大、灵活性高的自动化工具被开发出来,如 Selenium 等。

8.1.2 Playwright 自动化工具

目前开源社区存在多种自动化驱动浏览器的工具,其各有优缺点。

本书选择 Playwright 作为驱动指纹浏览器的工具,原因在于它不需要额外安装浏览器驱动(Selenium 需要安装 webdriver),同时又支持异步,适合使用浏览器去进行 I/O 密集型任务。此外,它是由微软公司研发的,相比于个人开源项目,有着更强大的背景和完善的社区。

在 Python 环境下安装 Playwright 非常容易,直接运行以下命令即可:

```
pip install playwright
```

接下来,编译发布版的 Chromium 指纹浏览器,然后就可以编写脚本来驱动浏览器了。首先引入需要的各类基础库:

```
import asyncio
import json
from playwright.async_api import async_playwright
```

asyncio 是 Python 的异步 I/O 库,用于编写并发代码。

json 是标准库,用于解析 JSON。

playwright.async_api 从 Playwright 库中导入异步 API,允许进行异步自动化操作。

接下来编写一个异步函数来定义浏览器自动化操作的主要流程,代码如下:

```
async def main():
    async with async_playwright() as p:
        browser = await p.chromium.launch(
            //指纹浏览器的路径
            executable_path=r"C:\chromium119\src\out\release\chrome.exe",
            headless=False)

        page1 = await browser.new_page()
        await page1.goto('https://bot.sannysoft.com/')
        await page1.screenshot(type='png',path='./screen.png',full_page=True)
        await asyncio.sleep(300000)

asyncio.run(main())
```

这段代码的主要功能是启动一个指定路径的 Chromium 浏览器,访问目标网站,截取整个页面的截图并保存到本地,然后保持浏览器打开状态一段时间。代码采用了异步编程方式,这使得浏览器操作可以异步进行。

目前还没有传递指定的指纹信息,此时需要对定制的指纹信息进行整合,并将其传递给 Chromium。在传递时,要保持 Visual Studio 中的格式,依然是传递 JSON,但是在 Python 中需要使用 JSON 包来将字典类型转换成 JSON,具体代码如下:

```
fingerprint = json.dumps({
    "mob":"?1",
    "dnt":"1",
    "ua":"ruyi browser",
    "ssl_grease":2.0,
    "canvas_height":1.0,
    "bluetooth":False,
```

```
        "mobile":False,
        "memory":9.0,
        "hardware":1024.0,
        "conn_type":"10g",
        "conn_rtt":10.0,
        "battery_level":100.0,
        "battery_charging":False,
        "battery_time":99.0,
        "webaudio":1.0,
        "screen_pixel":50.0,
        "screen_awidth":800.0,
        "screen_aheight":800.0,
        "screen_width":900.0,
        "screen_height":900.0,
        "webrtc_public":"183.242.254.1",
        "webrtc_private":"192.168.252.1",
        "webgl_vendor":"ruyi",
        "productSub":"20240501",
        "vendor":"ruyi",
        "canvas_y":1.0,
        "font":1.0
    }, separators=(
'
,'
,':'
))
```

以上的指纹信息都是在本书前面章节中修改过的,这里可以直接进行传递。不过需要注意的是,这里传递的指纹信息,只是为了说明可以进行指纹修改而假设的,读者需要将其替换为真实的指纹信息。接着可以将指纹信息传递给启动参数,代码如下:

```
browser = await p.chromium.launch(
    executable_path=r"C:\chromium119\src\out\release\chrome.exe",
    headless=False,
    args=[
        f'--ruyi={fingerprint}']
    )
```

最后启动脚本,就可以看到指纹浏览器被打开,而且指纹是被修改过的,如图8-1所示。

到此为止,我们已经完成了Chromium指纹浏览器的定制开发,现在能够使用自动化测试工具来操纵开发出的指纹浏览器了。

图 8-1　自动化驱动指纹浏览器

8.2　自动化检测

8.2.1　自动化检测方法

随着自动化技术的广泛应用,越来越多的网站开始采取措施检测和阻止自动化驱动的浏览器访问。这种检测主要是为了防止恶意行为,如网络爬虫、数据抓取、自动化攻击等。接下来将详细介绍网站对自动化驱动浏览器的检测方法,并分析这些方法的原理、实现及如何应对。

(1) 行为分析。

行为分析是检测自动化浏览器最常用的方法之一。网站通过监控和分析用户的交互行为来判断是否存在异常行为。常见的行为分析检测方法具体如下。

① 鼠标行为。对鼠标轨迹进行分析,人工操作的鼠标移动轨迹通常是不规则且带有停顿的,而自动化脚本生成的轨迹则较为平滑且匀速。网站可以通过分析鼠标轨迹的平滑度、速度变化和轨迹曲线来判断是否为自动化操作。对点击频率进行分析,人类操作的点击频率和间隔时间具有一定的随机性,而自动化脚本的点击频率通常较高且规律。通过监控点击频率和间隔时间,可以有效检测自动化行为。

② 键盘行为。检测输入速度,人类输入的速度和节奏具有一定的波动性,而自动化脚本输入的速度通常较快且均匀。通过监控输入速度和节奏,可以识别自动化脚本。检

测按键顺序，人类在输入过程中可能会有错误按键和修正，而自动化脚本则很少出现这种情况。检测输入的错误率和修正情况，也可以帮助识别自动化操作。

③ 页面交互。检测滚动行为，人工操作的页面滚动通常是不规则且带有停顿的，而自动化脚本的滚动行为则较为平滑且匀速。通过分析滚动行为的轨迹和速度变化，可以判断是否为自动化操作。检测窗口切换，人类用户在多个标签页之间切换时，会有明显的停顿和间隔时间，而自动化脚本的切换速度通常较快且规律。监控标签页切换的频率和间隔时间，也可以帮助识别自动化操作。

（2）环境检查。

环境检查是通过检测浏览器和运行环境的特征来识别自动化工具。常见的环境检查方法具体如下。

① 浏览器环境检测。可以检测浏览器插件，某些自动化工具会安装特定的浏览器插件，网站可以通过检测浏览器插件列表来识别这些工具。此外，一些浏览器在无头模式下是不加载插件的，也可以检测。

② JavaScript 环境检测。检测 webdriver 标志，许多自动化工具（如 Selenium）会在浏览器的 JavaScript 环境中留下特定的标志。网站可以通过检查这些标志来判断是否为自动化工具运行。检测特征属性，如 isTrusted 属性，如果事件是由脚本触发的，则返回 false。这个属性对于识别真实用户操作和防止欺骗非常有用，因为它可以帮助开发人员区分用户生成的事件和自动化脚本生成的事件。

为了应对网站对自动化驱动浏览器的检测，自动化工具和脚本可以采取以下措施。

① 模拟真实用户行为。通过生成不规则的鼠标移动轨迹，模拟真实用户的鼠标操作行为。可以引入停顿、速度变化和轨迹曲线等参数，使鼠标行为更加真实。对于键盘，通过引入输入速度波动和按键错误率，来模拟真实用户的键盘输入行为。可以随机调整输入速度和节奏，使键盘行为更加真实。在页面交互模拟上，通过模拟不规则的页面滚动和标签页切换行为，以模仿真实用户的页面交互操作。可以随机调整滚动速度和切换间隔时间，使页面交互行为更加真实。

② 隐藏 webdriver 标志。通过修改浏览器配置或注入 JavaScript 代码，来隐藏或删除自动化标志。还可以通过修改浏览器配置或注入 JavaScript 代码，来伪造环境特征信息，使其与真实用户的环境特征相匹配。

8.2.2　isTrusted 应对

针对行为检测，在自动化模拟时，只需要让行为更加像人类，从而避免机械化、程序化地完美执行。而对于环境检测，前面的内容已经完成了对 webdriver 指纹的修改，可以在源码层直接将其固定为 false。

由于 isTrusted 是无法在 JavaScript 层进行修改的，因此必须深入 Chromium 源码进行修改。该属性是通过事件来决定的，可以到 src\third_party\blink\renderer\core\dom\events 目录下修改其中的 event.h 文件，不论如何都将返回为 true，也就是真人触发：

```
bool isTrusted() const { return true; }
```

但是这样做也会带来检测的风险,因为前端可以自己模拟执行一段 JavaScript 事件,并且获取其中的 isTrusted 属性,如果 isTrusted 属性为 true,说明它已经被篡改了。

如果想要进行检测,可以编写以下 HTML 文件:

```html
<!DOCTYPE html>
<html lang="en">
<head>
    <meta charset="UTF-8">
    <meta name="viewport" content="width=device-width, initial-scale=1.0">
    <title>isTrusted 属性检测</title>
</head>
<body>
    <button id="testButton">点击我</button>
    <p id="result"></p>
    <script src="script.js"></script>
</body>
</html>
```

在其中的 script 脚本中,可以写一段定时执行的 JavaScript 操作,代码如下:

```javascript
document.addEventListener('DOMContentLoaded', (event) => {
    const button = document.getElementById('testButton');
    const result = document.getElementById('result');

    button.addEventListener('click', (event) => {
        //获取 isTrusted 属性
        const isTrusted = event.isTrusted;
        //在页面上显示结果
        result.textContent = `isTrusted: ${isTrusted}`;
        console.log('点击事件的 isTrusted 属性:', isTrusted);
    });

    //用于模拟点击事件
    function simulateClick() {
        const clickEvent = new MouseEvent('click', {
            view: window,
            bubbles: true,
            cancelable: true
        });
        button.dispatchEvent(clickEvent);
    }
    //模拟点击事件,演示 isTrusted 属性的不同值
    setTimeout(simulateClick, 2000);              //2秒后模拟点击
});
```

正常来说,其中的 isTrusted 因为是通过 JavaScript 代码执行的,应该返回 false 才对。但是如果在 Chromium 底层将其固定为 true,那么前端经过比对就知道使用了指纹浏览器,因此这里是需要慎重修改的。

8.2.3 CDP 检测

谷歌浏览器开发者协议(Chrome DevTools Protocol,CDP)是一个在 Google Chrome 和其他基于 Chromium 的浏览器中使用的协议,它允许开发者通过编程方式与浏览器进行交互和控制。CDP 提供了一组 API,用来检测和操作浏览器的各种功能,包括页面导航、DOM 操作、网络请求、性能分析、调试等。

CDP 提供了一套 JSON 格式的通信协议,开发者可以通过 WebSocket 或 HTTP 与浏览器通信,发送命令并接收响应。由于 CDP 是 Chrome 和 Chromium-based 浏览器的标准化通信协议,因此可以在任何支持该协议的浏览器中使用。在进行浏览器指纹搜集的时候,网页常常会检测用户是否打开了开发者工具,这是因为对前端网页的调试需要用到开发者工具,例如,国内某大模型对打开开发者工具的用户会直接跳转到 debugger,然后跳转进空白页面。

检测 CDP 并不是通过直接的属性或方法来判断是否启用了开发者工具,而是通过 JavaScript 语言和浏览器的特性来实现的。例如,JavaScript 中的 Error 对象用于表示各种代码错误,其中的 stack 属性提供了堆栈调用信息。当创建一个 Error 对象并在浏览器的开发者工具中输出这个错误时,浏览器会自动打印出错误的堆栈信息。

浏览器打印堆栈本义是为了方便开发者在控制台进行代码调试,CDP 检测则利用这一点,当不打开开发者工具时,如果代码报错,Error 对象的 stack 属性并不会被访问,只是会抛出错误;当打开开发者工具时,由于需要展示报错堆栈,因此 stack 属性会被访问到。利用这一点,网页可以在 stack 属性中添加一些设置,一旦 stack 被访问,那么这些设置就会改变。将其综合到浏览器指纹中,在分析后即可判定用户打开了开发者工具,进而判定为风险用户。

如果想进行 CDP 检测,读者可以编写以下 HTML:

```html
<!DOCTYPE html>
<html lang="en">
<head>
    <meta charset="UTF-8">
    <meta name="viewport" content="width=device-width, initial-scale=1.0">
    <title>开发者工具检测</title>
</head>
<body>
    <h1>开发者工具检测示例</h1>
    <p id="result">正在检测开发者工具...</p>
    <script src="script.js"></script>
</body>
</html>
```

在 JavaScript 脚本中需要编写如下代码:

```
document.addEventListener('DOMContentLoaded', () => {
    const resultElement = document.getElementById('result');
```

```
function detectDevTools() {
    let devToolsOpened = false;

    //创建一个 Error 对象,并重新定义对象中的 stack 属性
    const error = new Error();
    Object.defineProperty(error, 'stack', {
        get: function() {
            devToolsOpened = true;         //如果访问了 stack 属性,标记为 true
            return '开发者工具已打开';       //返回一个自定义的错误堆栈信息
        }
    });

    //抛出错误并捕获
    try {
        console.log(error)
    } catch (e) {
        //这里不做任何处理,只是捕获错误
    }

    //根据标记的结果更新页面
    if (devToolsOpened) {
        resultElement.textContent = '开发者工具已打开';
    } else {
        resultElement.textContent = '开发者工具未打开';
    }
}
//设置定时器,每秒检测一次
setInterval(detectDevTools, 1000);
});
```

当在浏览器中打开该 HTML 页面时,如果打开了开发者工具,那么就会被检测到,如图 8-2 所示。

图 8-2 CDP 检测展示

通过 CDP 检测的原理,可以知道要通过 CDP 检测,只需要对其中的 stack 属性进行

代理即可。具体代码如下：

```
await page1.add_init_script("""
  const errorProxy = new Proxy(Error, {
    construct: function(target, args) {
      const originalError = new target(...args);
      return new Proxy(originalError, {
        get: function(target, prop) {
          if (prop === 'stack') {
            return 'ruyi 过 CDP 检测';
          }
          return target[prop];
        }
      });
    }
  })
;
  window.Error=errorProxy;
""")
```

在 Playwright 中，只需要在页面开启之前，注入这段 JavaScript 代码，即可通过例子中的 CDP 检测。当然，在 CDP 检测中，不仅可以给 Error 定义 stack 属性，也可以定义其他的。如果想要一劳永逸地解决这类检测，可以直接将 console 置空，代码如下：

```
await page1.add_init_script("""
Object.keys(console).forEach(v=>{
if(typeof console[v] === `function`)console[v]=()=>{}});
""")
```

8.2.4 无头模式检测

自动化浏览器的无头模式（headless mode）是指在没有图形用户界面（GUI）的情况下运行浏览器。在这种模式下，浏览器仍然会执行所有常规操作（如加载网页、执行 JavaScript、渲染内容等），但不会在屏幕上显示出来。这种特性在自动化测试、网页抓取、持续集成等场景中非常有用。

无头模式的优势主要有以下几点。

（1）资源效率高：在无头模式下，不需要渲染图形界面，节省了系统资源，特别是 CPU 和内存。

（2）速度更快：由于不需要绘制 UI，因此操作的执行速度更快，可以加速测试和抓取过程。

（3）自动化环境友好：适合在服务器、CI/CD 管道等无 GUI 环境中运行，便于自动化任务的执行。

（4）易于并发：由于不需要图形界面支持，因此资源消耗更少，速度更快，可以实现自动化浏览器的并发。

在 Playwright 自动化框架中，想要使用无头模式十分简单，只需要设置 Headless 参数即可，代码如下：

```
browser = await p.chromium.launch(
executable_path=r"C:\chromium119\src\out\release\chrome.exe",
headless=True,
args=[
    f'--ruyi={fingerprint}']
    )
```

但是这样一来，就不会有界面供用户查看了，因此最好搭配一个全屏截图用于查看运行情况：

```
await page1.screenshot(type='png',path='./screen.png',full_page=True)
```

使用 Chromium 指纹浏览器的无头模式在机器人检测网站运行，结果如图 8-3 所示，查看保存到本地的截图，可以看到许多参数在无头模式下是不存在的，所以需要额外定制。

Intoli.com tests + additions

Test Name	Result
User Agent (Old)	ruyi browser
WebDriver (New)	missing (passed)
WebDriver Advanced	passed
Chrome (New)	missing (failed)
Permissions (New)	prompt
Plugins Length (Old)	0
Plugins is of type PluginArray	failed
Languages (Old)	zh-CN
WebGL Vendor	ruyi
WebGL Renderer	ruyi
Broken Image Dimensions	16x16

图 8-3　无头模式检测

使用无头模式时，通常是借助各类自动化软件进行驱动的，这样就可以在启动页面之前进行 JavaScript 代码的注入，从而不用深入 Chromium 浏览器底层源码进行修改了。但是如果要在 JavaScript 层进行指纹修改，则需要构建非常完善的函数模拟，包括原型链的继承关系、toString 的检测都要做好，是较为复杂的。

首先介绍网站是如何检测这些无头模式的，其中的 chrome 属性检测的代码如下：

```
hasChrome: () => {
  return !!window.chrome;
```

```
},
detailChrome: () => {
  if (!window.chrome) return UNKNOWN;
  const res = {};
  ["webstore", "runtime", "app", "csi", "loadTimes"].
......
```

根据检测方法，可以直接为 window 对象添加 chrome 属性，并在其中补全这些方法，代码如下：

```
Object.defineProperty(window,"chrome",{value:{
    "app": {
        "isInstalled": false,
        "InstallState": {
            "DISABLED": "disabled",
            "INSTALLED": "installed",
            "NOT_INSTALLED": "not_installed"
        }
,
        "RunningState": {
            "CANNOT_RUN": "cannot_run",
            "READY_TO_RUN": "ready_to_run",
            "RUNNING": "running"
        }
    }
}})
```

然后介绍 permissions 检测，该检测使用 navigator.permissions.query 查询浏览器的通知权限状态。await 关键字会暂停函数执行，直到 navigator.permissions.query 返回一个 Promise 异步对象，然后将结果赋值给 permissionStatus 变量。检测代码如下：

```
const permissionsElement =
        document.getElementById('permissions-result');
( async () => {
  const permissionStatus =
    await navigator.permissions.query({ name: 'notifications' });
  permissionsElement.innerHTML = permissionStatus.state;
```

下面这段代码的作用是根据浏览器通知权限的状态来更新页面元素的显示状态。如果通知权限被拒绝并且权限请求状态为"提示"，则显示权限请求失败；否则，显示权限请求成功。

```
    if (Notification.permission === 'denied' && permissionStatus.state === '
prompt') {
      permissionsElement.classList.add('failed');
      permissionsElement.classList.remove('passed');
```

```
    } else {
      permissionsElement.classList.add('passed');
      permissionsElement.classList.remove('failed');
    }
})();
```

要通过 permissions 检测，需要模拟浏览器的权限状态。下面这段代码通过模拟 navigator.permissions 接口的行为，使得开发者能够自定义权限查询的响应。

```
//模拟 PermissionStatus 对象
function MockPermissionStatus(state) {
    this.state = state;
}

//定义一个返回 Promise 异步对象的 query 方法
function MockPermissions() {
    this.query = function(params) {
        return new Promise(
(resolve) => {
            if (params.name === 'notifications') {
                resolve(new MockPermissionStatus(
'ruyi'));
                //可以根据需要设置初始状态
            }
else {
                resolve(new MockPermissionStatus(
'denied')
);
            }
        }
)
;
    }
;
}
//将模拟的 permissions 对象注入 navigator
Object.defineProperty(navigator, 'permissions', {
    get: function() {
        return new MockPermissions();
    }
});
```

最后介绍插件信息的检测，这部分代码有一个条件判断，用于检查 navigator.plugins 的各种属性和方法。检测点如下所示。

（1）!(navigator.plugins instanceof PluginArray)：检查 navigator.plugins 是否是 PluginArray 的实例。

（2）navigator.plugins.length === 0：检查 navigator.plugins 数组是否为空。

（3）window.navigator.plugins[0].toString()！==＇[object Plugin]＇：检查 navigator.plugins 数组的第一个元素的 toString 方法返回值是否为[object Plugin]。

具体检测代码如下：

```
const pluginsTypeElement =
        document.getElementById('plugins-type-result');
if (!( navigator.plugins instanceof PluginArray) ||
navigator.plugins.length === 0 ||
window.navigator.plugins[0].toString() !== '[object Plugin]') {
  pluginsTypeElement.classList.add('failed');
  pluginsTypeElement.classList.remove('passed');
  pluginsTypeElement.innerText = "failed";
} else {
  pluginsTypeElement.classList.add('passed');
  pluginsTypeElement.classList.remove('failed');
  pluginsTypeElement.innerText = "passed";
}
```

由于本书编译的是 119 版本的 Chromium 浏览器，它在无头模式下默认是不会加载插件的，因此需要同时完成插件对象的原型链、长度和字符串的定义，代码如下：

```
//定义模拟插件对象
function MockPlugin(name, description, filename) {
    this.name = name;
    this.description = description;
    this.filename = filename;
}
MockPlugin.prototype = Object.create(Plugin.prototype);
MockPlugin.prototype.constructor = MockPlugin;
MockPlugin.prototype.toString = function() {
    return '[object Plugin]'
;
};
const mockPlugin = new MockPlugin('Mock Plugin', 'A mock plugin for testing',
'mock-plugin.dll');

//定义模拟插件数组对象
function MockPluginArray() {
}
MockPluginArray.prototype = Object.create(PluginArray.prototype);
MockPluginArray.prototype.constructor = MockPluginArray;
MockPluginArray.prototype.item = function(index) {
    return this[index];
};
MockPluginArray.prototype.namedItem = function(name) {
    if (name === 'Mock Plugin') {
        return mockPlugin;
    }
```

```javascript
        return null;
    };
MockPluginArray.prototype.toString = function() {
    return '[object PluginArray]'
;
};
const mockPluginArray = new MockPluginArray();
Object.defineProperty(mockPluginArray,"length",{value:1})
Object.defineProperty(mockPluginArray,"0",{value:mockPlugin})

//将模拟插件数组注入 navigator 对象
Object.defineProperty(navigator, 'plugins', {
    get: function() {
        return mockPluginArray;
    }
});
```

通过注入这段 JavaScript 代码,可以模拟 navigator.plugins 对象,使其在无头浏览器环境中看起来像一个真实的插件数组。至此,该网站特征检测已经模拟完毕。

在 Playwright 启动之初,注入上述 JavaScript 代码,在此使用无头模式打开指纹浏览器,可以发现已经通过了该网站的机器人检测,如图 8-4 所示。

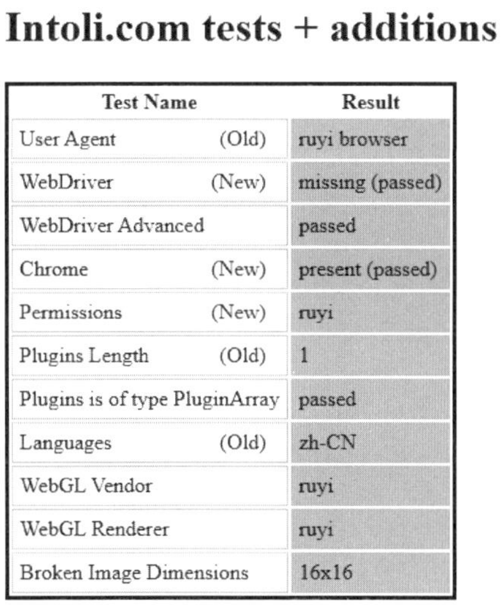

Intoli.com tests + additions

Test Name		Result
User Agent	(Old)	ruyi browser
WebDriver	(New)	missing (passed)
WebDriver Advanced		passed
Chrome	(New)	present (passed)
Permissions	(New)	ruyi
Plugins Length	(Old)	1
Plugins is of type PluginArray		passed
Languages	(Old)	zh-CN
WebGL Vendor		ruyi
WebGL Renderer		ruyi
Broken Image Dimensions		16x16

图 8-4　无头模式检测

上述内容的目的在于帮助读者理解如何以 JavaScript 代码注入的形式来通过浏览器检测。值得注意的是,从 Chromium 的 112 版本开始,提供了新的无头模式,只需要将无头模式的参数设置为 new,浏览器就会自动补全对应的一些检测点,命令行如下所示:

```
chrome.exe --headless=new
```

8.3 本章小结

本章详细介绍了如何通过自动化工具驱动基于 Chromium 开发的指纹浏览器,探讨了自动化浏览器的技术,阐明了自动化浏览器在网页测试、数据抓取和自动化操作等领域的重要性。随后,本章重点介绍了 Playwright 作为自动化驱动工具的优势,包括其无须额外安装驱动、支持异步操作和强大的社区支持。在 Python 环境下,本章展示了如何使用 Playwright 驱动指纹浏览器并实现自动化操作。最后,本章讨论了自动化检测的方法及应对策略,强调了模拟真实用户行为和隐藏自动化工具痕迹的重要性。通过本章的学习,读者应能够熟练应用自动化工具来驱动指纹浏览器并有效应对各类自动化检测。

附录 A　部分网址汇总

本书涉及的部分网址请扫描下方二维码阅读。

附录 A 汇总网址